中等职业教育数字艺术类规划教材

边做边学

——Premiere Pro CS6

视频编辑案例教程

（微课版）

王鑫 陈有源 ◎ 主编

吴勇刚 谢丽丽 王金龙 郭先旗 ◎ 副主编

U0233933

人民邮电出版社

北京

图书在版编目（ＣＩＰ）数据

Premiere Pro CS6视频编辑案例教程：微课版 / 王
鑫，陈有源主编. -- 北京：人民邮电出版社，2018.9
（边做边学）
中等职业教育数字艺术类规划教材
ISBN 978-7-115-48394-2

Ⅰ. ①P… Ⅱ. ①王… ②陈… Ⅲ. ①视频编辑软件—
中等专业学校—教材 Ⅳ. ①TN94

中国版本图书馆CIP数据核字(2018)第091522号

内 容 提 要

　　本书全面系统地介绍了 Premiere 的基本操作方法及影视编辑技巧，内容包括 Premiere Pro CS6 基础操作，影视剪辑，制作视频切换效果，应用视频特效，调色、抠像与叠加，制作字幕与字幕特技，添加音频效果，输出文件和综合设计实训。

　　本书内容的讲解均以课堂实训案例为主线，通过案例的操作，学生可以快速熟悉影视后期编辑思路。通过书中软件相关功能的解析，学生能够深入学习软件功能；课堂实战演练和课后综合演练，可以拓展学生的实际应用能力，增强学生的软件使用技巧。本书的最后一章精心安排了影视设计公司的 6 个精彩实例，可以帮助学生快速掌握影视后期制作的设计理念和设计元素，顺利达到实战水平。本书提供书中所有案例的素材及效果文件，以利于教师授课，学生学习。

　　本书可作为中等职业院校数字艺术类专业 Premiere 及相关课程的教材，也可作为相关人员的参考用书。

◆ 主　　编　王　鑫　陈有源
　　副 主 编　吴勇刚　谢丽丽　王金龙　郭先旗
　　责任编辑　桑　珊
　　责任印制　马振武

◆ 人民邮电出版社出版发行　　北京市丰台区成寿寺路 11 号
　　邮编　100164　　电子邮件　315@ptpress.com.cn
　　网址　http://www.ptpress.com.cn
　　保定市中画美凯印刷有限公司印刷

◆ 开本：787×1092　1/16
　　印张：15　　　　　　　　　2018 年 9 月第 1 版
　　字数：388 千字　　　　　　2024 年 8 月河北第 15 次印刷

定价：39.80 元

读者服务热线：(010)81055256　印装质量热线：(010)81055316
反盗版热线：(010)81055315
广告经营许可证：京东市监广登字 20170147 号

前　言

Premiere 是由 Adobe 公司开发的影视编辑软件，它功能强大、易学易用，深受广大影视制作爱好者和影视后期编辑人员的喜爱，已经成为这一领域最流行的软件之一。目前，我国很多中等职业学校的数字艺术类专业都将 Premiere 作为一门重要的专业课程。为了帮助职业学校的教师全面、系统地讲授这门课程，使学生能够熟练地使用 Premiere 来进行影视编辑，我们几位长期在职业学校从事 Premiere 教学的教师和专业影视制作公司经验丰富的设计师合作，共同编写了本书。

本书全面贯彻党的二十大精神，以社会主义核心价值观为引领，传承中华优秀传统文化，坚定文化自信，使内容更好体现时代性、把握规律性、富于创造性。

根据现代职业学校的教学方向和教学特色，我们对本书的编写体系做了精心的设计。每章按照"课堂实训案例 – 软件相关功能 – 课堂实战演练 – 课后综合演练"这一思路进行编排，力求通过课堂实训案例演练，帮助学生快速熟悉设计制作思路和软件功能；通过软件相关功能解析，帮助学生深入学习软件功能和制作特色；通过课堂实战演练和课后综合演练，帮助学生拓展实际应用能力。在本书的最后一章，还精心安排了 6 个精彩实例，可以帮助学生快速掌握影视后期制作的设计理念和设计元素，顺利达到实战水平。

在内容编写方面，力求细致全面、重点突出；在文字叙述方面，注意言简意赅、通俗易懂；在案例选取方面，强调案例的针对性和实用性。

云盘中包含了书中所有案例的素材、效果文件和微课视频（下载链接：https://box.lenovo.com/l/H1ftK1，提取码：1b3a）。另外，为方便教师教学，本书配备了详尽的课堂实战演练和课后综合演练的操作步骤文稿、PPT 课件、教学大纲等丰富的教学资源，任课教师可登录人民邮电出版社人邮教育社区（www.ryjiaoyu.com）免费下载使用。本书的参考学时为 42 学时，各章的参考学时参见下面的学时分配表。

学时分配表

章	课 程 内 容	学 时 分 配
第 1 章	Premiere Pro CS6 基础操作	3
第 2 章	影视剪辑	5
第 3 章	制作视频切换效果	6
第 4 章	应用视频特效	6
第 5 章	调色、抠像与叠加	5
第 6 章	制作字幕与字幕特技	5
第 7 章	添加音频效果	4
第 8 章	输出文件	2
第 9 章	综合设计实训	6
学 时 总 计		42

本书由王鑫、陈有源任主编，吴勇刚、谢丽丽、王金龙任副主编。由于编者水平有限，书中难免存在疏漏和不妥之处，敬请广大读者批评指正。

编　者
2023 年 5 月

目　　录

第5章 调色、抠像与叠加

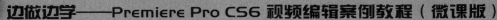

第1章 Premiere Pro CS6 基础操作

本章将对 Premiere Pro CS6 的基本知识和基本操作进行详细讲解。通过本章的学习，读者可以快速了解并掌握 Premiere Pro CS6 的入门知识，为后续章节的学习打下坚实的基础。

 课堂学习目标

- 认识 Premiere Pro CS6 的操作界面
- 掌握项目文件的新建与保存
- 掌握素材的导入方法及编辑

1.1 认识 Premiere Pro CS6 的操作界面

1.1.1 【训练目标】

通过打开文件，熟悉新建文件操作。通过为素材添加切换转场特效，了解面板的使用方法。

1.1.2 【案例操作】

步骤 1 启动 Premiere Pro CS6 软件，弹出"欢迎使用 Adobe Premiere Pro"欢迎界面，单击"打开项目"按钮 ，如图 1-1 所示，弹出"打开项目"对话框，选择云盘中的"Ch01\插画切换\插画切换.prproj"文件，如图 1-2 所示。

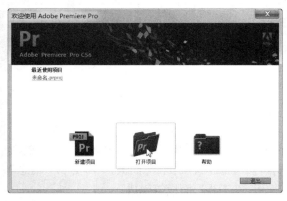
图 1-1

图 1-2

步骤 2 单击"打开"按钮，打开文件，如图 1-3 所示。在"效果"面板中，展开"视频切换"

特效分类选项，单击"划像"文件夹前面的三角形按钮 ▶ 将其展开，选中"星形划像"特效，如图 1-4 所示。

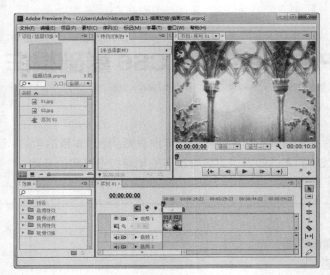

图 1-3　　　　　　　　　　　　　图 1-4

步骤 3 将"星形划像"特效拖曳到"时间线"面板中的"01"文件的结尾与"02"文件的开始位置，如图 1-5 所示。在"节目"面板中单击"播放-停止切换"按钮 ▶ 预览效果，如图 1-6 所示。

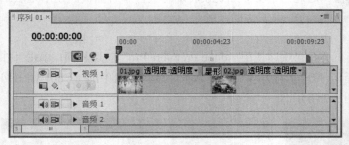

图 1-5　　　　　　　　　　　　　图 1-6

1.1.3 【相关知识】

1. 用户操作界面

Premiere Pro CS6 用户操作界面如图 1-7 所示，从图中可以看出，该界面由标题栏、菜单栏、"项目"面板、"源（素材）"/"特效控制台"/"调音台"面板组、"节目"面板、"历史"/"信息"/"效果"面板组、"时间线"面板、"音频仪表"面板、"工具"面板等组成。

图 1-7

2. "项目"面板

"项目"面板主要用于输入、组织和存放供"时间线"面板编辑合成的原始素材，如图 1-8 所示。按 Ctrl+PageUp 组合键，切换到列表的状态，如图 1-9 所示。单击"项目"面板右上方的 ▼ 按钮，在弹出的菜单中可以选择面板及相关功能的显示/隐藏方式，如图 1-10 所示。

图 1-8

图 1-9

图 1-10

在图标状态时，将光标置于视频图标上左右移动，可以查看不同时间点的视频内容。

在列表状态时，可以查看素材的基本属性，包括素材的名称、媒体格式、视音频信息和数据量等。

在"项目"面板下方的工具栏中共有 9 个功能按钮，从左至右分别为"列表视图"按钮 ▤、"图标视图"按钮 ▣、"缩小"按钮 ▵、"放大"按钮 ▴、"自动匹配序列"按钮 ▥、"查找"按钮 🔍、"新建文件夹"按钮 📁、"新建分项"按钮 🔲 和"清除"按钮 🗑。各按钮的含义如下。

"列表视图"按钮 ▤：单击此按钮可以将"项目"面板中的素材以列表形式显示。

"图标视图"按钮 ▣：单击此按钮可以将"项目"面板中的素材以图标形式显示。

"缩小"按钮 ▲：单击此按钮可以将"项目"面板中的素材缩小。

"放大"按钮 ▲：单击此按钮可以将"项目"面板中的素材放大。

"自动匹配序列"按钮 ▥：单击此按钮可以将素材自动调整到时间轴。

"查找"按钮 ◯：单击此按钮可以按查找条件快速查找素材。

"新建文件夹"按钮 ▤：单击此按钮可以新建文件夹以便管理素材。

"新建分项"按钮 ▣：单击此按钮，在弹出的下拉菜单中创建不同的素材项。

"清除"按钮 🗑：选中不需要的文件，单击此按钮，即可将其删除。

3. "时间线"面板

"时间线"面板是 Premiere Pro CS6 的核心部分，在编辑影片的过程中，大部分工作都是在"时间线"面板中完成的。通过"时间线"面板，可以轻松地实现对素材的剪辑、插入、复制、粘贴、修整等操作，如图 1-11 所示。"时间线"面板中各选项的含义如下。

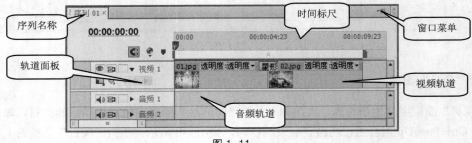

图 1-11

"吸附"按钮 ⬚：单击此按钮可以启动吸附功能，在"时间轴"面板中拖动素材时，素材将自动吸附到邻近素材的边缘。

"设置 Encore 章节标记"按钮 ⬤：用于设定 DVD 主菜单标记。

"添加标记"按钮 ⬚：单击此按钮，可以在当前帧的位置上设置标记。

"同步锁定开关"按钮 ⬚：单击此按钮，当按钮变成 ⬚ 状时，当前的轨道被锁定，处于不能编辑状态；当按钮变成 ⬚ 状时，可以编辑操作该轨道。

"切换轨道输出"按钮 ⬚：单击此按钮，可以设置是否在节目面板显示该影片。

"折叠-展开轨道"按钮 ▶：隐藏/展开视频轨道工具栏或音频轨道工具栏。

"设置显示样式"按钮 ⬚：单击此按钮将弹出下拉菜单，在其中可选择显示的命令。

"显示关键帧"按钮 ⬚：单击此按钮可选择显示当前关键帧的方式。

"设置显示样式"按钮 ⬚：单击该按钮将弹出下拉菜单，在菜单中可以根据需要对音频轨道素材显示方式进行选择。

"切换轨道输出"按钮 ⬚：激活该按钮可以播放声音，反之则是静音。

"转到下一关键帧"按钮 ▶：设置时间指针定位在被选素材轨道上的下一个关键帧上。

"添加/移除关键帧"按钮 ⬚：在时间指针所处的位置上，在轨道中被选素材的当前位置上添加或移除关键帧。

"转到前一关键帧"按钮 ◀：设置时间指针定位在被选素材轨道上的上一个关键帧上。

滑块 ⬚：放大、缩小时间显示比例，以增加或减少轨道细节。

播放指示器位置 00:00:00:00：显示或更改当前时间指示器的位置。

序列名称：单击相应的标签可以在不同的序列间相互切换。

轨道面板：对轨道的退缩、锁定等参数进行设置。

时间标尺：对剪辑的组进行时间定位。

窗口菜单：对时间单位及剪辑参数进行设置。

视频轨道：为影片进行视频剪辑的轨道。

音频轨道：为影片进行音频剪辑的轨道。

4．"监视器"面板

监视器面板分为"源"面板和"节目"面板，分别如图 1-12 和图 1-13 所示，所有编辑或未编辑的影片片段都在监视器面板显示效果。"监视器"面板中各选项的含义如下。

图 1-12　　　　　　　　　　　　　　图 1-13

"添加标记"按钮 ▼：设置影片片段未编号标记。

"标记入点"按钮 ｛：设置当前影片位置的起始点。

"标记出点"按钮 ｝：设置当前影片位置的结束点。

"跳转入点"按钮 ←｜：单击此按钮，可将时间标记 ▮ 移到起始点位置。

"逐帧退"按钮 ◀｜：此按钮是对素材进行逐帧倒播的控制按钮，每单击一次该按钮，播放就会后退一帧，按住 Shift 键的同时单击此按钮，每次后退 5 帧。

"播放—停止切换"按钮 ▶ / ■：控制监视器面板中素材的时候，单击此按钮会从监视面板中时间标记 ▮ 的当前位置开始或暂停播放；在"节目"监视器面板中，在播放时按 J 键可以进行倒播。

"逐帧进"按钮 ｜▶：此按钮是对素材进行逐帧播放的控制按钮。每单击一次该按钮，播放就会前进 1 帧，按住 Shift 键的同时单击此按钮，每次前进 5 帧。

"跳转出点"按钮 ▶｜：单击此按钮，可将时间标记 ▮ 移到结束点位置。

"插入"按钮 ⊞：单击此按钮，当插入一段影片时，重叠的片段将后移。

"覆盖"按钮 ⊟：单击此按钮，当插入一段影片时，重叠的片段将被覆盖。

"提升"按钮 ⊟：用于将轨道上入点与出点之间的内容删除，删除之后仍然留有空间。

"提取"按钮 ⊟：用于将轨道上入点与出点之间的内容删除，删除之后不留空间，后面的素材会自动连接前面的素材。

"导出单帧"按钮 ▣：可导出当前帧的影视画面。

分别单击面板右下方的"按钮编辑器"按钮 ⊞，弹出图 1-14 和图 1-15 所示的面板，面板中包含一些已有和未显示的按钮。

中等职业教育数字艺术类规划教材

图 1-14　　　　　　　　　　　　　　　　　　图 1-15

"清除入点"按钮 ：清除设置的标记入点。

"清除出点"按钮 ：清除设置的标记出点。

"播放入点到出点"按钮 ：在播放素材时，单击此按钮，只在定义的入点与出点之间播放素材。

"转到下一标记"按钮 ：调整时将滑块移动到当前位置的下一个标记处。

"转到前一标记"按钮 ：调整时将滑块移动到当前位置的前一个标记处。

"播放邻近区域"按钮 ：单击此按钮，将播放时间标记 的当前位置前后 2 秒的内容。

"循环"按钮 ：单击此按钮，监视面板就会不断循环播放素材，直至按下停止按钮。

"安全框"按钮 ：单击该按钮为影片设置安全边界线，以防影片画面太大播放不完整，再次单击可隐藏安全线。

"隐藏字幕"按钮 ：可隐藏字幕显示效果。

"跳转到下一个编辑点"按钮 ：表示转到同一轨道上当前编辑点的后一个编辑点。

"跳转到前一个编辑点"按钮 ：表示转到同一轨道上当前编辑点的前一个编辑点。

可以直接将面板中需要的按钮拖曳到下面的显示框中，如图 1-16 所示；松开鼠标，按钮将被添加到面板中，如图 1-17 所示。单击"确定"按钮，所选按钮显示在面板中，如图 1-18 所示。用户可以用相同的方法添加多个按钮，如图 1-19 所示。

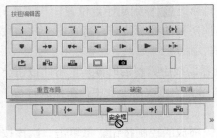

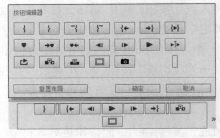

图 1-16　　　　　　　　　　　　　　　　　　图 1-17

图 1-18　　　　　　　　　　　　　　　　　　图 1-19

若要恢复默认的布局，再次单击面板右下方的"按钮编辑器"按钮 ，在弹出的面板中选择"重置布局"按钮，再单击"确定"按钮，即可恢复。

5. 其他功能面板

除了以上介绍的面板，在 Premiere Pro CS6 中还提供了其他一些方便编辑操作的功能面板。下面将逐一进行介绍。

◎ **"效果"面板**

"效果"面板存放着 Premiere Pro CS6 自带的各种音频特效、视频特效和预设的特效等。"效果"面板按照功能分为5大类，包括音频特效、音频过渡、视频特效、视频切换及预设特效。每一大类又按照效果细分为很多小类，如图1-20所示。如果用户安装了第三方特效插件，也将出现在该面板的相应类别文件中。

默认设置下，"效果"面板与"历史"面板、"信息"面板合并为一个面板组，用鼠标单击"效果"标签，即可切换到"效果"面板。

◎ **"特效控制台"面板**

同"效果"面板一样，在 Premiere Pro CS6 的默认设置下，"特效控制台"面板与"源"面板、"调音台"面板合为一个面板组。"特效控制台"面板主要用于控制对象的运动、透明度、切换、特效等设置，如图1-21所示。当为某一段素材添加了音频、视频或切换特效后，就需要在该面板中进行相应的参数设置和添加关键帧，画面的运动特效也是在这里进行设置，该面板会根据素材和特效的不同显示不同的内容。

图 1-20

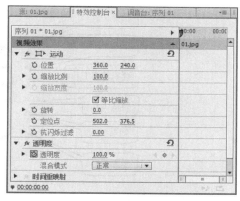

图 1-21

◎ **"调音台"面板**

"调音台"面板可以更加有效地调节项目的音频，并实时混合各轨道的音频对象，如图 1-22所示。

◎ **"历史"面板**

"历史"面板可以记录用户从建立项目开始以来进行的所有操作，如果在执行操作后，发现有错误，可以单击该面板中相应的命令，即可撤销错误操作，并重新返回到错误操作之前的某一个状态，如图1-23所示。

◎ **"信息"面板**

在 Premiere Pro CS6 中，"信息"面板作为一个独立面板显示，其主要功能是集中显示所选定素材对象的各项信息。不同的对象，"信息"面板的内容也不尽相同，如图 1-24 所示。

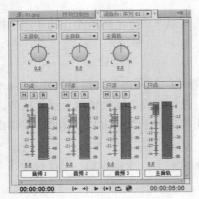

图 1-22　　　　　　　　图 1-23　　　　　　　　图 1-24

　　默认设置下，"信息"面板是空白的，如果在"时间线"面板中放入一个素材并选中它，"信息"面板将显示选中素材的信息，如果有切换过渡，则显示过渡的信息；如果选定的是一段视频素材，"信息"面板将显示该素材的类型、持续时间、帧速率、入点、出点及光标的位置；如果选定的是静止图片，"信息"面板将显示素材的类型、持续时间、帧速率、开始点、结束点及鼠标指针的位置。

◎　"工具"面板

　　"工具"面板，如图 1-25 所示，主要用来对时间线中的音频、视频等内容进行编辑。

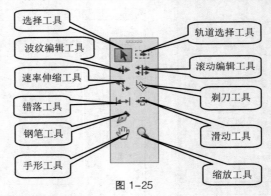

图 1-25

1.2　软件基本操作

1.2.1　【训练目标】

　　通过导入文件命令，熟练掌握导入命令。通过将素材添加到"时间线"面板中，了解面板的使用方法。通过切割素材，熟练掌握工具的操作方法。通过关闭新建文件，熟练掌握保存和关闭命令。

1.2.2 【案例操作】

步骤 1 启动 Premiere Pro CS6 软件，弹出"欢迎使用 Adobe Premiere Pro"欢迎界面，单击"新建项目"按钮 ，如图 1-26 所示，弹出"新建项目"对话框，设置"位置"选项，选择保存文件路径。单击"确定"按钮，弹出"新建序列"对话框，在左侧的列表中展开"DV-PAL"选项，选中"标准 48kHz"模式，如图 1-27 所示，单击"确定"按钮，完成序列的新建。

步骤 2 选择"文件 > 导入"命令，弹出"导入"对话框，选择云盘中的"Ch01\繁花似锦\素材\01"文件，如图 1-28 所示，单击"打开"按钮，导入素材。导入后的文件将排列在"项目"面板中，效果如图 1-29 所示。

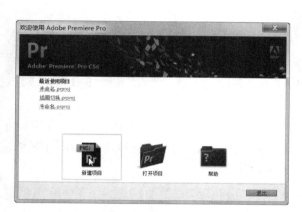

图 1-26

图 1-27

图 1-28

图 1-29

步骤 3 在"项目"面板中，选中"01"文件，将其拖曳到"时间线"面板中的"视频 1"轨道中，如图 1-30 所示。在"节目"面板中预览效果，如图 1-31 所示。

步骤 4 将时间标签放置在 2s 的位置，如图 1-32 所示。选择"剃刀"工具 ，在指定的位置上单击，将素材切割为两个素材，如图 1-33 所示。

图 1-30　　　　　　　　　　　　　图 1-31

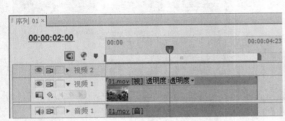
图 1-32

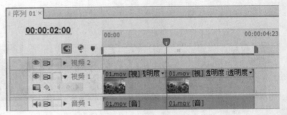
图 1-33

步骤 5 选择“选择”工具 ，选择第 1 段视频素材，按 Delete 键将其删除，效果如图 1-34
所示。选择第 2 段视频素材向左拖曳，效果如图 1-35 所示。将时间标签放置在 0s 的位置，
如图 1-36 所示，“节目”面板中的效果如图 1-37 所示。

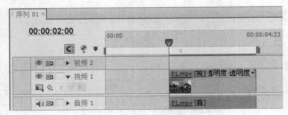
图 1-34

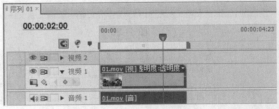
图 1-35

图 1-36

图 1-37

步骤 6 选择“文件 > 保存”命令，将文件保存。选择“文件 > 关闭项目”命令，将文件关
闭，弹出“欢迎使用 Adobe Premiere Pro”欢迎界面，单击 按钮退出程序。

1.2.3　【相关知识】

1. 项目文件操作

在启动 Premiere Pro CS6 开始进行影视制作时，必须首先创建新的项目文件或打开已存在的项目文件，这是 Premiere Pro CS6 最基本的操作之一。

◎　新建项目文件

新建项目文件的方法有两种，一种是启动 Premiere Pro CS6 时直接新建一个项目文件，另一种是在 Premiere Pro CS6 已经启动的情况下新建项目文件。

◎　在启动时新建项目文件

在启动 Premiere Pro CS6 时新建项目文件的具体操作步骤如下。

步骤 1　选择"开始 > 所有程序 > Adobe Premiere Pro CS6"命令，或双击桌面上的 Adobe Premiere Pro CS6 快捷图标，弹出启动窗口，单击"新建项目"按钮 📁，如图 1-38 所示。

步骤 2　弹出"新建项目"对话框，如图 1-39 所示。在"常规"选项卡中设置视频渲染与回放及视频、音频、采集的规格，单击"位置"选项右侧的"浏览"按钮，在弹出的对话框中选择项目文件保存路径。在"名称"选项的文本框中设置项目名称。

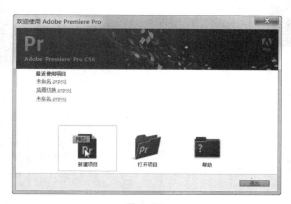

图 1-38

图 1-39

步骤 3　单击"确定"按钮，弹出图 1-40 所示的对话框。在"序列预设"选项卡的"存放预设"选项区中选择项目文件格式，如"DV-PAL"制式下的"标准 48kHz"，此时，在"预设描述"选项区域中将列出相应的项目信息。

步骤 4　单击"确定"按钮，即可创建一个新的项目文件。

◎　利用菜单命令新建项目文件

如果 Premiere Pro CS6 已经启动，此时，可利用菜单命令新建项目文件，具体操作步骤如下。

选择"文件 > 新建 > 项目"命令，如图 1-41 所示，或按 Ctrl+Alt+N 组合键，在弹出的"新建项目"对话框中按照上述方法选择合适的设置，单击

图 1-40

"确定"按钮即可。

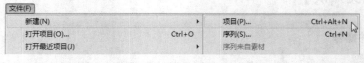

图 1-41

**提 示** 如果正在编辑某个项目文件，此时要采用上述方法新建项目文件，系统会将当前正在编辑的项目文件关闭，因此，在采用此方法新建项目文件之前一定要保存当前的项目文件，防止数据丢失。

◎ 打开已有的项目文件

要打开一个已存在的项目文件进行编辑或修改，可以使用如下 4 种方法。

① 通过启动窗口打开项目文件。启动 Premiere Pro CS6，在弹出的启动窗口中单击"打开项目"按钮 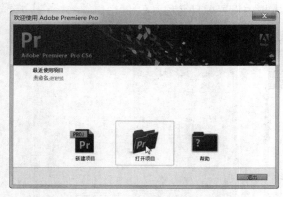，如图 1-42 所示，在弹出的对话框中选择需要打开的项目文件，如图 1-43 所示，单击"打开"按钮，即可打开已选择的项目文件。

图 1-42

图 1-43

② 通过启动窗口打开最近编辑过的项目文件。启动 Premiere Pro CS6，在弹出的启动窗口的"最近使用项目"选项中单击需要打开的项目文件，可以打开最近保存过的项目文件，如图 1-44 所示。

③ 利用菜单命令打开项目文件。在 Premiere Pro CS6 程序窗口中选择"文件 > 打开项目"命令，如图 1-45 所示，或按 Ctrl+O 组合键，在弹出的对话框中选择需要打开的项目文件，单击"打开"按钮，即可打开所选的项目文件。

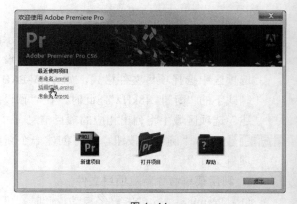

图 1-44

④ 利用菜单命令打开近期的项目文件。Premiere Pro CS6 会将近期打开过的文件保存在"文件"菜单中，选择"文件 > 打开最近项目"命令，在其子菜单中选择需要打开的项目文件，如图 1-46 所示，即可打开所选的项目文件。

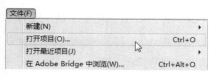

图 1-45

图 1-46

◎ 保存项目文件

文件的保存是文件编辑的重要环节，在 Adobe Premiere Pro CS6 中，以何种方式保存文件对图像文件以后的使用有直接的关系。

刚启动 Premiere Pro CS6 软件时，系统会提示用户先保存一个设置了参数的项目，因此，对于编辑过的项目，直接选择"文件 > 存储"命令，或按 Ctrl+S 组合键，即可直接保存。另外，系统还会隔一段时间自动保存一次项目。

除此方法外，Premiere Pro CS6 还提供了"存储为"和"存储副本"命令。

保存项目文件副本的具体操作步骤如下。

步骤 1 选择"文件 > 存储为"命令，或按 Ctrl+Shift+S 组合键，或者选择"文件 > 存储副本"命令，或按 Ctrl+Alt+S 组合键，弹出"保存项目"对话框。

步骤 2 在上方的选项框中选择文件的保存路径。

步骤 3 在"文件名"文本框中输入文件名。

步骤 4 单击"保存"按钮即可保存项目文件。

◎ 关闭项目文件

如果要关闭当前项目文件，选择"文件 > 关闭项目"命令即可。如果对当前文件做了修改却尚未保存，系统会弹出图 1-47 所示的提示对话框，询问是否要保存该项目文件所做的修改。单击"是"按钮，保存项目文件；单击"否"按钮，则不保存文件并直接退出项目文件。

图 1-47

2. 撤销与恢复操作

通常情况下，一个完整的项目需要经过反复地调整、修改与比较才能完成，因此，Premiere Pro CS6 为用户提供了"撤销"与"重做"命令。

在编辑视频或音频时，如果用户的上一步操作是错误的，或对操作得到的效果不满意，选择"编辑 > 撤销"命令即可撤销该操作，如果连续选择此命令，则可连续撤销前面的多步操作。

如果取消撤销操作，可选择"编辑 > 重做"命令。例如，删除一个素材，通过"撤销"命令来撤销操作后，还想将这些素材片段删除，则只要选择"编辑 > 重做"命令即可。

3. 设置自动保存

设置自动保存功能的具体操作步骤如下。

步骤 1 选择"编辑 > 首选项 > 自动存储"命令，弹出"首选项"对话框，如图 1-48 所示。

步骤 2 在"首选项"对话框的"自动存储"选项区域中，根据需要设置"自动存储间隔"及"最多项目存储数量"的数值，如在"自动存储间隔"文本框中输入 20，在"最多项目存储数量"文本框中输入 5，即表示每隔 20 分钟将自动保存一次，而且只存储最后 5 次存盘的项目文件。

步骤 3 设置完成后，单击"确定"按钮退出对话框，返回到工作界面。这样，在以后的编辑过程中，系统就会按照设置的参数自动保存文件，用户就可以不必担心由于意外而造成工作数据的丢失。

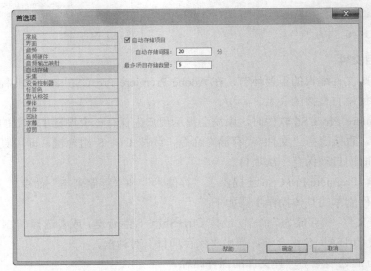

图 1-48

4. 自定义设置

Premiere Pro CS6 预置为影片剪辑人员提供了常用的 DV-NTSC 和 DV-PAL 设置。如果需要自定义项目设置，则可在对话框中切换到"自定义设置"选项卡，进行参数设置；如果运行 Premiere Pro CS6 过程中需要改变项目设置，则需选择"项目 > 项目设置"命令，弹出"项目设置"对话框。

在"常规"选项卡中，可以对影片的编辑模式、时间基数、视频、音频等基本指标进行设置，如图 1-49 所示。

"视频"选项组：显示视频素材的格式信息。

"音频"选项组：显示音频素材的格式信息。

"采集"选项组：用来设置设备参数及采集方式。

"活动与字幕安全区域"选项组：可以设置字幕和动作

图 1-49

影像安全框的显示范围，以"帧大小"设置数值的百分比计算。

5. 导入素材

Premiere Pro CS6 支持大部分主流的视频、音频以及图像文件格式，一般的导入方式为选择"文件 > 导入"命令，在"导入"对话框中选择所需要的文件格式和文件即可。

◎ 导入图层文件

以素材的方式导入图层的设置方法如下。

步骤 1 选择"文件 > 导入"命令，弹出"导入"对话框可以选择 Photoshop、Illustrator 等含有图层的文件格式，如图 1-50 所示，选择需要导入的文件，单击"打开"按钮，会弹出

图 1-51 所示的提示对话框。

图 1-50　　　　　　　　　　　　　　　　图 1-51

"导入分层文件"对话框：设置 PSD 图层素材导入的方式，可选择"合并所有图层""合并图层""单层"或"序列"选项。

步骤 2 本例选择"序列"选项，如图 1-52 所示，单击"确定"按钮，在"项目"面板中会自动产生一个文件夹，其中包括序列文件和图层素材，如图 1-53 所示。以序列的方式导入图层后，会按照图层的排列方式自动产生一个序列，可以打开该序列设置动画，进行编辑。

图 1-52　　　　　　　　　　　　　　　图 1-53

◎ 导入图片

序列文件是一种非常重要的源素材，它由若干幅按序排列的图片组成，记录活动影片，每幅图片代表 1 帧。通常可以在 3ds Max、After Effects、Combustion 软件中产生序列文件，然后再导入 Premiere Pro CS6 中使用。

序列文件以数字序号为序进行排列。当导入序列文件时，应在首选项对话框中设置图片的帧速率，也可以在导入序列文件后，在解释素材对话框中改变帧速率。导入序列文件的步骤如下。

步骤 1 在"项目"面板的空白区域双击，弹出"导入"对话框，找到序列文件所在的目录，勾选"图像序列"复选框，如图 1-54 所示。

步骤 2 单击"打开"按钮，导入素材。序列文件导入后的状态如图 1-55 所示。

图 1-54

图 1-55

6. 解释素材

对于项目的素材文件，可以通过解释素材来修改其属性。在"项目"面板中的素材上单击鼠标右键，在弹出的快捷菜单中选择"修改 > 解释素材"命令，弹出"修改素材"对话框，如图 1-56 所示。

◎ 设置帧速率

在"帧速率"选项区域中可以设置影片的帧速率。

选择"使用文件中的帧速率"，则使用影片的原始帧速率，也可以在"假定帧速率"选项的数值框中输入新的帧速率，下方的"持续时间"选项显示影片的长度。改变帧速率，影片的长度也会发生改变。

◎ 设置像素纵横比

"像素纵横比"选项用于设置影片的像素宽、高比。

一般情况下，选择"使用文件中的像素纵横比"选项，使用影片素材的原像素宽高比。也可以通过"符合为"选项的下拉列表重新指定像素宽高比。

◎ 设置场序

"场序"选项用于设置影片的场扫描方式。

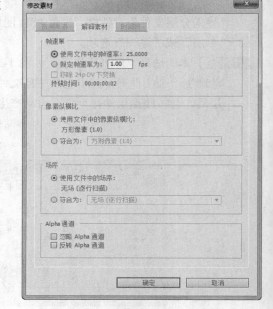

图 1-56

一般情况下，选择"使用文件中的场序"选项，则使用影片素材的原扫描场。也可以通过"符合为"选项的下拉列表重新指定扫描场。

◎ 设置 Alpha 通道

可以在"Alpha 通道"选项区域中对素材的透明通道进行设置，在 Premiere Pro CS6 中导入带有透明通道的文件时，会自动识别该通道。勾选"忽略 Alpha 通道"复选框，忽略素材的透明信息；勾选"反转 Alpha 通道"复选框，反转透明通道。

◎ 观察素材属性

Premiere Pro CS6 提供了属性分析功能，利用该功能，剪辑人员可以了解素材的详细信息，包括素材的片段延时、文件大小、平均速率等。在"项目"面板或者序列中的素材上单击鼠标右键，在弹出的快捷菜单中选择"属性"命令，弹出"属性"对话框，如图 1-57 所示。

在该对话框中详细列出了当前素材的各项属性,如源素材路径、文件数据量、媒体格式、帧尺寸、持续时间、使用状况等。数据图表中水平轴以帧为单位列出对象的持续时间,垂直轴显示对象每一个时间单位的数据率和采样率。

图 1-57

7. 改变素材名称

在"项目"面板中的素材上单击鼠标右键,在弹出的快捷菜单中选择"重命名"命令,素材名称会处于可编辑状态,输入新名称,如图 1-58 所示。

剪辑人员可以给素材重命名以改变它原来的名称,这在一部影片中重复使用一个素材或复制了一个素材并为之设定新的入点和出点时极其有用。给素材重命名有助于在"项目"面板和序列中观看一个复制的素材时避免混淆。

图 1-58

8. 利用素材库组织素材

可以在"项目"面板建立一个素材库(即素材文件夹)来管理素材。使用素材文件夹,可以将节目中的素材分门别类、有条不紊地组织起来,这在组织包含大量素材的复杂节目时特别有用。

单击"项目"面板下方的"新建文件夹"按钮 ,会自动创建新文件夹,如图 1-59 所示,单击此按钮它可以返回到上一层级素材列表,依此类推。

9. 查找素材

可以根据素材的名字、属性或附属的说明和标签在 Premiere Pro CS6 的"项目"面板中搜索素材,如可以查找所有文件格式相同的素材,如*.avi 和*.mp3 等。

图 1-59

单击"项目"面板下方的"查找"按钮 ,或单击鼠标右键,在弹出的快捷菜单中选择"查找"命令,弹出"查找"对话框,如图 1-60 所示。

图 1-60

在"查找"对话框中选择查找的素材属性,可按照素材的名称、媒体类型、卷标等属性进行查找。在"匹配"选项的下拉列表中可以选择查找的关键字是全部匹配还是部分匹配,若勾选"区分大小写"复选框,则必须将关键字的大小写输入正确。

在对话框右侧的文本框中输入查找素材的属性关键字。例如，要查找图片文件，可选择查找的属性为"名称"，在文本框中输入"JPEG"或其他文件格式的后缀，然后单击"查找"按钮，系统会自动找到"项目"面板中的图片文件。如果"项目"面板中有多个图片文件，可再次单击"查找"按钮查找下一个图片文件。单击"完成"按钮，可退出"查找"对话框。

 **提 示** 除了查找"项目"面板的素材，还可以将序列中的影片自动定位，找到其项目中的源素材。在"时间线"面板中的素材上单击鼠标右键，在弹出的快捷菜单中选择"在项目中显示"，如图 1-61 所示，即可找到"项目"面板中的相应素材，如图 1-62 所示。

图 1-61　　　　　　　　　　　　　　　　图 1-62

10. 离线素材

当打开一个项目文件时，系统提示找不到源素材，如图 1-63 所示，这可能是源文件被改名或存在磁盘上的位置发生了变化造成的。可以直接在磁盘上找到源素材，然后单击"选择"按钮，也可以单击"跳过"按钮选择略过素材，或单击"脱机"按钮，建立离线文件代替源素材。

由于 Premiere Pro CS6 使用链接方式进行工作，因此，如果磁盘上的源文件被删除或者移动，就会发生在项目中无法找到其磁盘源文件的情况。此时，可以建立一个离线文件。离线文件具有和其所替换的源文件相同的属性，可以对其进行同普通素材完全相同的操作。当找到所需文件后，可以用该文件替换离线文件，以进行正常编辑。离线文件实际上起到一个占位符的作用，它可以暂时占据丢失文件所处的位置。

在"项目"面板中单击"新建分项"按钮，在弹出的菜单中选择"脱机文件"命令，弹出"新建脱机文件"对话框，如图 1-64 所示，设置相关的参数后，单击"确定"按钮，弹出"脱机文件"对话框，如图 1-65 所示。

在"包含"选项的下拉列表中可以选择建立含有影像和声音的离线素材，或者仅含有其中一项的离线素材。在"音频格式"选项中设置音频的声道。在"磁带名"选项的文本框中输入磁带卷标。在"文件名"选项的文本框中指定离线素材的名称。在"描述"选项的文本框中可以输入一些备注。在"场景"文本框中输入注释离线素材与源文件场景的关联信息。在"拍摄/记录"文本框中说明拍摄信息。在"记录注释"文本框中记录离线素材的日志信息。在"时间码"选项区域中可以指定离线素材的时间。

如果要以实际素材替换离线素材，则可以在"项目"面板中的离线素材上单击鼠标右键，在弹出的快捷菜单中选择"链接媒体"命令，在弹出的对话框中指定文件并进行替换。"项目"面板中离线图标的显示如图 1-66 所示。

图 1-63

图 1-64

图 1-65

图 1-66

第2章 影视剪辑

本章将对 Premiere Pro CS6 中剪辑影片的基本技术和操作进行详细介绍，其中包括剪辑素材、分离素材、使用 Premiere Pro CS6 创建新元素等。通过本章的学习，读者可以掌握剪辑技术的使用方法和应用技巧。

 课堂学习目标

- 了解"监视器"面板
- 掌握素材的剪辑和分离
- 掌握使用通用倒计时
- 掌握创建彩色蒙版

2.1 制作视频转场效果

2.1.1 【训练目标】

使用"导入"命令，导入视频文件；使用"交叉叠化"特效，制作视频之间的转场效果。最终效果参看云盘中的"Ch02\美丽城市\美丽城市.prproj"，如图 2-1 所示。

扫 码 观 看
本案例视频

图 2-1

2.1.2 【案例操作】

1. 导入视频文件

步骤 1 启动 Premiere Pro CS6 软件，弹出"欢迎使用 Adobe Premiere Pro"欢迎界面，单击"新

建项目"按钮 ，弹出"新建项目"对话框，设置"位置"选项，选择保存文件路径，在"名称"文本框中输入文件名"美丽城市"，如图 2-2 所示。单击"确定"按钮，弹出"新建序列"对话框，在左侧的列表中展开"DV-PAL"选项，选中"标准 48kHz"模式，如图 2-3 所示，单击"确定"按钮完成序列的创建。

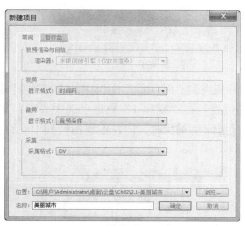

图 2-2

图 2-3

步骤 2 选择"文件 > 导入"命令，弹出"导入"对话框，选择云盘中的"Ch02\美丽城市\素材\01、02、03 和 04"文件，如图 2-4 所示，单击"打开"按钮，将视频文件导入到"项目"面板中，如图 2-5 所示。

图 2-4

图 2-5

步骤 3 在"项目"面板中，选中"01"文件并将其拖曳到"时间线"面板中的"视频 1"轨道中，弹出"素材不匹配警告"对话框，如图 2-6 所示，单击"保持现有设置"按钮，将"01"文件放置在"视频 1"轨道中，如图 2-7 所示。

图 2-6

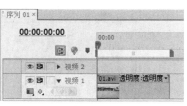

图 2-7

步骤 4 将时间标签放置在 5:10s 的位置，如图 2-8 所示。在"视频 1"轨道上选中"01"文件，将鼠标指针放在"01"文件的结束位置，当鼠标指针呈 ◀ 状时，向左拖曳指针到 5:10s 的位置上，如图 2-9 所示。

图 2-8

图 2-9

步骤 5 在"项目"面板中，选中"02"文件并将其拖曳到"时间线"面板中的"视频 1"轨道中，如图 2-10 所示。将时间标签放置在 10s 的位置，在"视频 1"轨道上选中"02"文件，将鼠标指针放在"02"文件的结束位置，当鼠标指针呈 ◀ 状时，向左拖曳指针到 10s 的位置上，如图 2-11 所示。

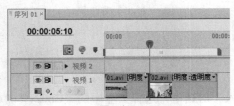

图 2-10

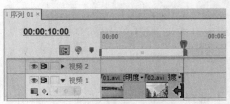

图 2-11

步骤 6 在"项目"面板中，选中"03"文件并将其拖曳到"时间线"面板中的"视频 1"轨道中，如图 2-12 所示。将时间标签放置在 15s 的位置，在"视频 1"轨道上选中"03"文件，将鼠标指针放在"03"文件的结束位置，当鼠标指针呈 ◀ 状时，向左拖曳指针到 15s 的位置上，如图 2-13 所示。

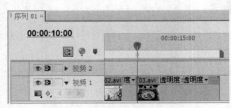

图 2-12

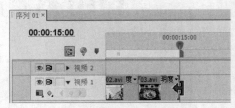

图 2-13

步骤 7 在"项目"面板中，选中"04"文件并将其拖曳到"时间线"面板中的"视频 1"轨道中，如图 2-14 所示。将时间标签放置在 21s 的位置，在"视频 1"轨道上选中"04"文件，将鼠标指针放在"04"文件的结束位置，当鼠标指针呈 ◀ 状时，向左拖曳指针到 21s 的位置上，如图 2-15 所示。

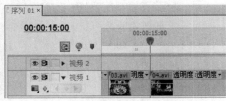

图 2-14

图 2-15

2. 添加转场效果

步骤 ☐1☐ 选择"窗口 > 效果"命令，弹出"效果"面板，展开"视频切换"特效分类选项，单击"叠化"文件夹前面的三角形按钮 ▶ 将其展开，选中"交叉叠化"特效，如图 2-16 所示。将"交叉叠化"特效拖曳到"时间线"面板中的"02"文件开始位置，如图 2-17 所示。

图 2-16   图 2-17

步骤 ☐2☐ 选择"效果"面板，选中"交叉叠化"特效并将其拖曳到"时间线"面板中的"03"文件开始位置，如图 2-18 所示。选中"交叉叠化"特效，将其拖曳到"时间线"面板中的"04"文件开始位置，如图 2-19 所示。

图 2-18   图 2-19

步骤 ☐3☐ 美丽城市制作完成，如图 2-20 所示。

图 2-20

2.1.3 【相关知识】

1. "监视器"面板

"监视器"面板有两个，即"源"面板与"节目"面板，分别用来显示素材与作品在编辑时的状况。如图 2-21 所示，左图为"源"面板，显示和设置节目中的素材；右图为"节目"面板，显示和设置序列。

图 2-21

在"源"面板中，单击上方的标题栏或黑色三角按钮，弹出下拉列表，显示已经调入"时间线"面板中的素材序列表，可以更加快速方便地浏览素材的基本情况，如图 2-22 所示。

"监视器"面板可以设置安全区域。用户可以在"素材源"面板和"节目"面板中设置安全区域，这对输出设备为电视机播放的影片非常有用。

安全区域的产生是由于电视机在播放视频图像时，屏幕的边缘会切除部分图像，这种现象叫做"溢出扫描"，而不同的电视机溢出的扫描量不同，所以要把图像的重要部分放在安全区域内。在制作影片时，需要将重要的场景元素、演员、图表放在运动安全区域内，将标题、字幕放在标题安全区域内。如图 2-23 所示，位于工作区域外侧的方框为运动安全区域，位于内侧的方框为标题安全区域。

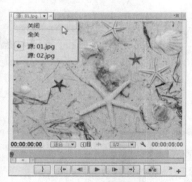

图 2-22

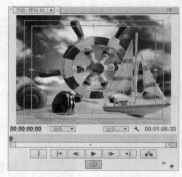

图 2-23

单击"源"面板或"节目"面板下方的"安全框"按钮 ⊡，可以显示或隐藏"监视器"面板中的安全区域。

2. 在"源"面板中播放素材

不论是已经导入节目的素材还是使用打开命令观看的素材，系统都会将其自动打开在"素材"面板中，用户可以在"素材"面板中播放和观看素材。

如果使用 DV 设备进行编辑，可以单击"节目"面板右上方的 ▾≡ 按钮，在弹出的列表中选择"回放设置"选项，弹出"回放设置"对话框，如图 2-24 所示。建议把重放时间设置为 DV 硬件支持方式，这样可以加快编辑的速度。

图 2-24

在"项目"和"时间线"面板中双击要观看的素材，素材都会被自动显示在"源"面板中。使用面板下方的工具栏可以对素材进行播放控制，方便查看剪辑，如图 2-25 所示。

图 2-25

当时间标签 所对应的监视器处于被激活的状态时，其上显示的时间将会从灰色转变为蓝色。

拖曳鼠标到时间显示的区域单击，可以从键盘上直接输入数值，改变时间显示，影片会自动跳到输入的时间位置。

如果输入的时间数值之间无间隔符号，如"1234"，则 Premiere Pro CS6 会自动将其认为是帧数，并根据所选用的时间编码，将其换算为相应的时间。

面板右侧的持续时间计数器显示影片入点与出点间的长度，即影片的持续时间，并显示为黑色。

缩放列表在"源"面板或"节目"面板的正下方，可改变面板中影片的大小，如图 2-26 所示。可以通过放大或缩小影片进行观察，选择"适合"选项，则无论面板大小，影片会匹配视窗，完全显示影片内容。

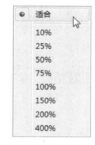

图 2-26

3. 在其他软件中打开素材

Premiere Pro CS6 具有能在其他软件打开素材的功能，用户可以利用该功能在其他兼容软件中打开素材进行观看或编辑。例如，可以在 QuickTime 中观看 mov 影片，可以在 Photoshop 中打开并编辑图像素材。在应用程序中编辑该素材存盘后，在 Premiere Pro CS6 中该素材会自动更新。

要在其他应用程序中编辑素材，必须保证计算机中安装了相应的应用程序并且有足够的内存来运行该程序。如果是在"项目"面板编辑的序列图片，则在应用程序只能打开该序列图片第 1 幅图像，如果是在"时间线"面板中编辑的序列图片，则打开的是时间标记所在时间的当前帧画面。

使用其他应用程序编辑素材的具体操作步骤如下。

步骤 1 在"项目"面板或"时间线"面板选中需要编辑的素材。

步骤 2 选择"编辑 > 编辑原始资源"命令，或按 Ctrl+E 组合键。

步骤 3 在打开的应用程序中编辑该素材，并保存结果。

步骤 4 返回 Premiere Pro CS6 面板中，修改后的结果会自动更新到当前素材。

4. 剪辑素材

剪辑可以增加或删除帧以改变素材的长度。素材开始帧的位置被称为入点，素材结束帧的位置被称为出点。用户可以在"源"面板、"节目"面板和"时间线"面板中剪辑素材。

◎ 在"源/节目"面板剪辑素材

在"源"面板中改变入点和出点的具体操作步骤如下。

步骤 1 在"项目"面板中双击要设置的入点和出点的素材，将其在"源"面板中打开。

步骤 2 在"源"面板中拖曳时间标签 或按空格键，找到要使用的片段的开始位置。

步骤 3 单击"源"面板下方的"标记入点"按钮 或按 I 键，"源"面板中显示当前素材入点画面，"源"面板右上方显示入点标记，如图 2-27 所示。

图 2-27

步骤 4 继续播放影片，找到使用片段的结束位置。单击"源"面板下方"标记出点"按钮 或按 O 键，面板下方显示当前素材出点。入点和出点间显示为深色，两点之间的片段即入点与出点间的素材片段，如图 2-28 所示。

图 2-28

步骤 5 单击"跳转入点"按钮 ，可以自动跳到影片的入点位置；单击"跳转出点"按钮 ，可以自动跳到影片出点的位置。

当声音同步要求非常严格时，用户可以为音频素材设置高精度的入点。音频素材的入点可以使用高达 1/600s 的精度来调节。对于音频素材，入点和出点标签出现在波形图相应的点处，如图 2-29 所示。

当用户将一个同时含有影像和声音的素材拖入"时间线"面板时，该素材的音频和视频部分会被放到相应的轨道中。

用户在为素材设置入点和出点时，对素材的音频和视频部分同时有效，也可以为素材的视频和音频部分单独设置入点和出点。

图 2-29

为素材的视频或音频部分单独设置入点和出点的具体操作步骤如下。

步骤 1 在"源"面板中打开要设置入点和出点的素材。

步骤 2 播放影片，找到使用视频片段的开始或结束位置。

步骤 3 用鼠标右键单击面板中的 标记，在弹出的快捷菜单中选择"标记拆分"命令，弹出其子菜单，如图 2-30 所示。

步骤 4 在弹出的子菜单中选择"视频入点/出点"命令，两点之间的视频部分设置入点和出

点，如图 2-31 所示。继续播放影片，找到使用音频片段的开始或结束位置。选择"音频入
点/出点"命令，两点之间的音频部分设置入点和出点，如图 2-32 所示。

图 2-30　　　　　　　　　　　图 2-31　　　　　　　　　　　图 2-32

◎ 在"时间线"面板中剪辑素材

Premiere Pro CS6 提供了 4 种编辑素材的工具，分别是"轨道选择"工具、"滑动"工具、
"错落"工具和"滚动编辑"工具。

下面介绍如何应用这些编辑工具。

利用"轨道选择"工具，可以选择一个或多个轨道上的某素材及其后存在的所有素材，
也可以选择链接素材中的单独的视频或音频。具体操作步骤如下。

步骤 1 选择"轨道选择"工具，在"时间线"面板中要选择的轨道素材上单击，选取此素
材及其后的所有素材，如图 2-33 所示。

步骤 2 按住 Shift 键的同时，在要选择的轨道素材上单击，选取此素材及所有轨道上此素材之
后的所有素材如图 2-34 所示。

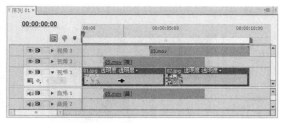

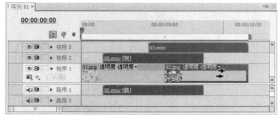

图 2-33　　　　　　　　　　　　　　　　图 2-34

步骤 3 按住 Alt 键的同时，在要选择的链接素材的视频上单击，选取此链接素材的视频文件及
此素材之后的所有素材，如图 2-35 所示。

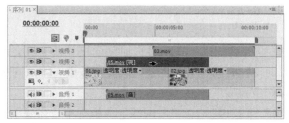

图 2-35

"滑动"工具 ◄►▶ 可以使两个片段的入点与出点发生本质上的位移，并不影响片段持续时间与节目的整体持续时间，但会影响编辑片段之前或之后的持续时间，迫使前面或后面的影片片段出点与入点发生改变。具体操作步骤如下。

步骤 1 选择"滑动"工具 ◄►▶，在"时间线"面板中单击需要编辑的某一个片段。

步骤 2 将鼠标指针移动到两个片段的结合处，当鼠标指针呈 ◄►▶ 形状时，左右拖曳鼠标进行编辑，如图 2-36 和图 2-37 所示。

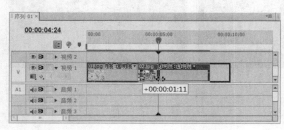

图 2-36

图 2-37

步骤 3 在拖曳过程中，"节目"面板中将会显示被调整片段的出点与入点，以及未被编辑的出点与入点。

使用"错落"工具 ◄►◄ 编辑影片片段时，会更改片段的入点与出点，但它的持续时间不会改变，并不会影响其他片段的入点、出点时间，节目总的持续时间也不会发生任何改变。具体操作步骤如下。

步骤 1 选择"错落"工具 ◄►◄，在"时间线"面板中单击需要编辑的某一个片段。

步骤 2 将鼠标指针移动到两个片段的结合处，当鼠标指针呈 ◄►◄ 形状时，左右拖曳鼠标进行编辑，如图 2-38 所示。

步骤 3 在拖曳鼠标时，"节目"面板中将会依次显示上一片段的出点和下一片段的入点，同时显示画面帧数，如图 2-39 所示。

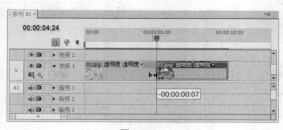

图 2-38

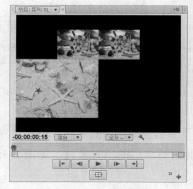

图 2-39

使用"滚动编辑"工具 ┼┼ 编辑影片片段，片段时间的增长或缩短会由其相接片段进行替补。在编辑过程中，整个节目的持续时间不会发生任何改变，该编辑方法同时影响其轨道上的片段在时间轨中的位置。具体操作步骤如下。

步骤 1 选择"滚动编辑"工具 ┼┼，在"时间线"面板中单击需要编辑的某一个片段。

步骤 2 将鼠标指针移动到两个片段的结合处，当鼠标指针呈 ┼┼ 形状时，左右拖曳鼠标进行编辑，如图 2-40 所示。

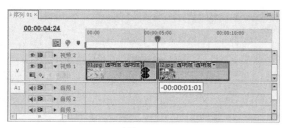

图 2-40

步骤 3　释放鼠标后，被修整片段的帧增加或减少会引起相邻片段的变化，但整个节目的持续时间不会发生任何改变。

◎ **导出单帧**

单击"节目"监视器面板下方的"导出单帧"按钮 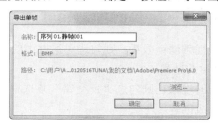，弹出"导出单帧"对话框，在"名称"文本框中输入文件名称，在"格式"选项中选择文件格式，在"路径"选项中选择保存文件的路径，如图 2-41 所示。设置完成后，单击"确定"按钮，导出当前时间线上的单帧图像。

图 2-41

◎ **改变影片的速度**

在 Premiere Pro CS6 中，用户可以根据需求随意更改片段的播放速度，具体操作步骤如下。

步骤 1　在"时间线"面板中的某一个文件上单击鼠标右键，在弹出的快捷菜单中选择"速度/持续时间"命令，弹出图 2-42 所示的对话框。

"速度"选项：设置播放速度的百分比，以此决定影片的播放速度。

"持续时间"选项：单击选项右侧的时间码，在此输入时间值。时间值越长，影片播放的速度越慢；时间值越短，影片播放的速度越快。

"倒放速度"选项：勾选此复选框，影片片段将倒转播放。

"保持音调不变"选项：勾选此复选框，将保持影片片段的音频播放速度不变。

图 2-42

步骤 2　设置完成后，单击"确定"按钮完成更改持续时间的任务，返回到主页面。

◎ **创建静止帧**

冻结片段中的某一帧，则会以静帧方式显示该画面，就好像使用了一张静止图像的效果，被冻结的帧可以是片段开始点或结束点。创建静止帧的具体操作步骤如下。

步骤 1　单击"时间线"面板中的某一段影片片段。移动时间轨中的编辑线到需要冻结的某一帧画面上，如图 2-43 所示。

图 2-43

步骤 2 为了确保片段仍处于选中状态，选择"素材 > 视频选项 > 帧定格"命令，弹出图 2-44 所示的对话框。

步骤 3 勾选"定格在"复选框，在右侧的下拉列表中选择实施的对象编号，如图 2-45 所示。

图 2-44

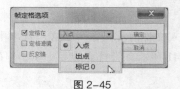

图 2-45

步骤 4 如果该帧已经使用了视频滤镜效果，则勾选对话框中的"定格滤镜"复选框，使冻结的帧画面依然保持使用滤镜后的效果。

步骤 5 如果该帧含有交错场的视频，则勾选"反交错"复选框，以避免画面发生抖动的现象。

步骤 6 单击"确定"按钮完成创建。

◎ **在"时间线"面板中粘贴素材**

Premiere Pro CS6 提供了标准的 Windows 编辑命令，用于剪切、复制和粘贴素材，这些命令都在"编辑"菜单命令下。

使用"粘贴插入"命令的具体操作步骤如下。

步骤 1 选择素材，然后选择"编辑 > 复制"命令，或按 Ctrl+C 组合键。

步骤 2 在"时间线"面板中将时间标签 📍 移动到需要粘贴的位置，如图 2-46 所示。

步骤 3 选择"编辑 > 粘贴插入"命令，或按 Ctrl+Shift+V 组合键，将复制的影片粘贴到时间标签 📍 的位置，其后的影片等距离后退，如图 2-47 所示。

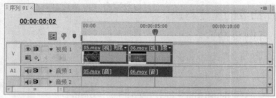

图 2-46

图 2-47

"粘贴属性"即粘贴一个素材的属性（包括滤镜效果、运动设定及不透明度设定等）到另一个素材目标上。

◎ **场设置**

在使用视频素材时，会遇到交错视频场的问题，它会严重影响最后的合成质量。根据视频格式、采集和回放设备不同，场的优先顺序也是不同的。如果场顺序反转，运动会僵持和闪烁。在编辑中，改变片段的速度、输出胶片带、反向播放片段或冻结视频帧，都有可能遇到场处理问题，所以，正确的场设置在视频编辑中是非常重要的。

在选择场顺序后，应该播放影片，观察影片是否能够平滑地进行播放，如果出现了跳动的现象，则说明场的顺序是错误的。

对于采集或上载的视频素材，一般情况下都要对其进行场分离设置。另外，如果要将计算机中完成的影片输出到用于电视监视器播放的领域，在输出前也要对场进行设置，输出到电视机的影片是具有场的。用户也可以为没有场的影片添加场，如使用三维动画软件输出的影片，在输出前添加场，用户可以在渲染设置中进行设置。

一般情况下，在新建节目的时候就要指定正确的场顺序，这里的顺序一般要按照影片的输出设备来设置。在"新建序列"对话框中选择"设置"选项，在"场序"的右侧下拉列表中指定编辑影片所使用的场方式，如图 2-48 所示。在编辑交错场时，要根据相关的视频硬件显示奇偶场的顺序，选择"上场优先"或者"下场优先"选项。在输入影片的时候，也有类似的选项设置。

如果在编辑过程中得到的素材场顺序有所不同，则必须使其统一，并符合编辑输出的场设置。调整方法是，在"时间线"面板中的素材上单击鼠标右键，在弹出的快捷菜单中选择"场选项"命令，在弹出的"场选项"对话框中进行设置，如图 2-49 所示。

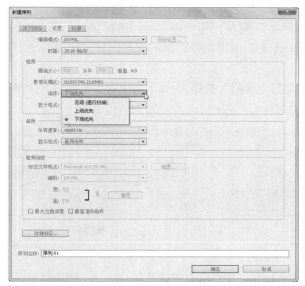

图 2-48

图 2-49

"交换场序"选项：如果素材场顺序与视频采集卡顺序相反，则勾选此复选框。

"无"选项：不处理素材场控制。

"交错相邻帧"选项：将非交错场转换为交错场。

"总是反交错"选项：将交错场转换为非交错场。

"消除闪烁"选项：该选项用于消除细水平线的闪烁。当该选项没有被选择时，一条只有一个像素的水平线只在两场中的其中一场出现，则在回放时会导致闪烁；选择该选项将使扫描线的百分值增加或降低以混合扫描线，使一个像素的扫描线在视频的两上场中都出现。在 Premiere Pro CS6 播出字幕时，一般都要将该项打开。

◎ 删除素材

如果用户决定不使用"时间线"面板中的某个素材片段，则可以在"时间线"面板中将其删除。从"时间线"面板中删除一个素材并不会在"项目"面板中删除。当用户删除一个已经运用于"时间线"面板的素材后，在"时间线"面板的轨道上该素材处留下空位。用户也可以选择波纹删除，将该素材轨迹上的内容向左移动，覆盖被删除的素材留下的空位。

删除素材的方法如下。

步骤 1 在"时间线"面板中选择一个或多个素材。

步骤 2 按 Delete 键，或选择"编辑 > 清除"命令。

波纹删除素材的方法如下。

步骤 1 在"时间线"面板中选择一个或多个素材。

步骤 2 如果不希望其他轨道的素材移动，可以锁定该轨道。

步骤 3 单击鼠标右键，在弹出的快捷菜单中选择"波纹删除"命令。

5. 设置标记点

为了查看素材帧与帧之间是否对齐，用户需要在素材或标尺上做一些标记。

◎ 添加标记

为影片添加标记的具体操作步骤如下。

步骤 1 将"时间线"面板中的时间标签 移到需要添加标记的位置，如图 2-50 所示，单击面板中左上角的"添加标记"按钮 ，该标记将被添加到时间标记停放的地方，如图 2-51 所示。

步骤 2 如果"时间线"面板左上角的"吸附"按钮 处于选中状态，则将一个素材拖曳到轨道标记处，素材的入点将会自动与标记对齐。

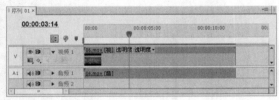

图 2-50　　　　　　　　　　　　　　图 2-51

◎ 跳转标记

在时间线面板中的标尺上单击鼠标右键，在弹出的快捷菜单中选择"转到下一标记"命令，时间标记会自动跳转到下一标记；选择"转到前一标记"命令，时间标记会自动跳转到前一个标记，如图 2-52 所示。

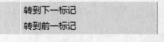

图 2-52

◎ 删除标记

如果用户在使用标记的过程中发现有不需要的标记，可以将其删除。具体的删除步骤如下。

在时间线面板中的标尺上单击鼠标右键，在弹出的快捷菜单中选择"清除当前标记"命令，如图 2-53 所示，可清除当前选取的标记。选择"清除所有标记"命令，即可将"时间线"面板中的所有标记清除

图 2-53

2.1.4 【实战演练】——素材处理综合训练

使用"导入"命令，导入视频文件；使用"剃刀"工具，切割视频素材；使用"解除视音频链

接"命令，解除视频与音频的链接并删除音频。使用"交叉叠化"特效，制作视频之间的转场效果。最终效果参看云盘中的"Ch02\海洋世界\海洋世界.prproj"，如图 2-54 所示。

图 2-54

2.2 | 视频文件切割与转场效果制作

2.2.1　【训练目标】

使用"导入"命令，导入视频文件；使用"插入"按钮，插入视频文件；使用"剃刀"工具，切割视频文件。使用"交叉伸展"特效，制作视频之间的转场效果。最终效果参看云盘中的"Ch02\清凉的海滨\清凉的海滨.prproj"，如图 2-55 所示。

图 2-55

2.2.2　【案例操作】

步骤 1　启动 Premiere Pro CS6 软件，弹出"欢迎使用 Adobe Premiere Pro"欢迎界面，单击"新建项目"按钮，弹出"新建项目"对话框，设置"位置"选项，选择保存文件路径，在"名称"文本框中输入文件名"清凉的海滨"，如图 2-56 所示。单击"确定"按钮，弹出"新建序列"对话框，在左侧的列表中展开"DV-PAL"选项，选中"标准 48kHz"模式，如图 2-57 所示，单击"确定"按钮完成序列的创建。

步骤 2　选择"文件 > 导入"命令，弹出"导入"对话框，选择云盘中的"Ch02\清凉的海滨\素材\01 和 02"文件，如图 2-58 所示，单击"打开"按钮，将视频文件导入到"项目"面板中，如图 2-59 所示。

图 2-56　　　　　　　　　　　　　　图 2-57

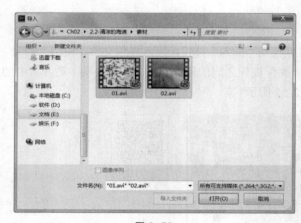

图 2-58　　　　　　　　　　　　图 2-59

步骤 3 在"项目"面板中，选中"01"文件并将其拖曳到"时间线"面板中的"视频 1"轨道中，弹出"素材不匹配警告"对话框，如图 2-60 所示，单击"保持现有设置"按钮，将"01"文件放置在"视频 1"轨道中，如图 2-61 所示。

图 2-60　　　　　　　　　　　　图 2-61

步骤 4 将时间标签放置在 3:12s 的位置，如图 2-62 所示。在"项目"面板中双击"02"文件，将其在"源"面板中打开，如图 2-63 所示。

步骤 5 单击"源"面板下方的"插入"按钮 ，如图 2-64 所示，松开鼠标，将"02"文件插入到"时间线"面板中，如图 2-65 所示。

图 2-62

图 2-63

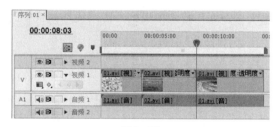

图 2-64

图 2-65

步骤 6　将时间标签放置在 7:13s 的位置，如图 2-66 所示。选择 "剃刀" 工具 ，将鼠标指针放置在时间标签所在的位置上单击，如图 2-67 所示，将视频素材切割为两段。

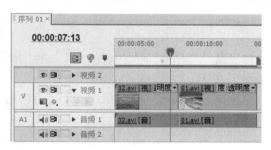

图 2-66

图 2-67

步骤 7　选择 "选择" 工具 ，选择要删除的视频素材，按 Delete 键将其删除，效果如图 2-68 所示。选择最后 1 段视频素材向左拖曳，效果如图 2-69 所示。

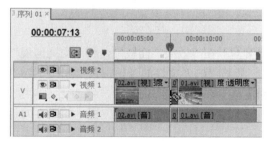

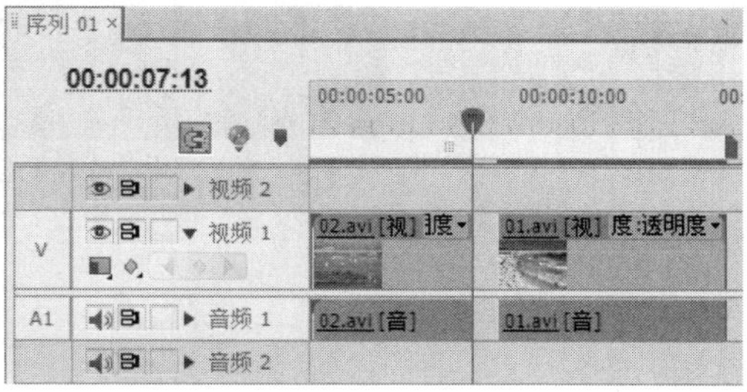

图 2-68

图 2-69

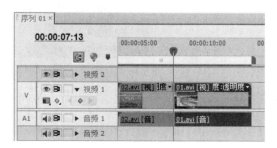

步骤 8 将时间标签放置在 10s 的位置，如图 2-70 所示。选择"剃刀"工具 ，将鼠标指针放置在时间标签所在的位置上单击，将视频素材切割为两段，效果如图 2-71 所示。

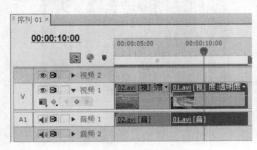
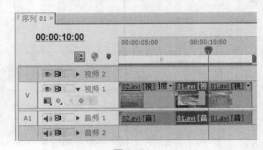

图 2-70   图 2-71

步骤 9 选择"窗口 > 效果"命令，弹出"效果"面板，展开"视频切换"特效分类选项，单击"伸展"文件夹前面的三角形按钮 将其展开，选中"交叉伸展"特效，如图 2-72 所示。将"交叉伸展"特效拖曳到"时间线"面板中的"02"文件开始位置，如图 2-73 所示。

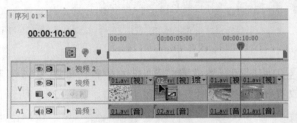

图 2-72   图 2-73

步骤 10 在"效果"面板中，将"交叉伸展"特效拖曳到"时间线"面板中的"02"文件的结尾处与"01"文件的开始位置，如图 2-74 所示。

步骤 11 在"效果"面板中，将"交叉伸展"特效拖曳到"时间线"面板中的"01"文件的结尾处与"01"文件的开始位置，如图 2-75 所示。

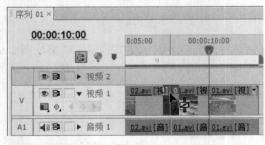

图 2-74   图 2-75

步骤 12 清凉的海滨制作完成，如图 2-76 所示。

图 2-76

2.2.3　【相关知识】

1. 切割素材

在 Premiere Pro CS6 中，当素材被添加到"时间线"面板中的轨道后，必须对此素材进行分割才能进行后面的操作，可以应用工具箱中的剃刀工具来完成。具体操作步骤如下。

步骤 1　选择"剃刀"工具 。

步骤 2　将鼠标指针移到需要切割影片片段的"时间线"面板中的某一素材上单击，该素材即被切割为两个素材，每一个素材都有独立的长度以及入点与出点，如图 2-77 所示。

步骤 3　如果要将多个轨道上的素材在同一点分割，则按住 Shift 键的同时，会显示多重刀片，轨道上所有未锁定的素材都在该位置被分割为两段，如图 2-78 所示。

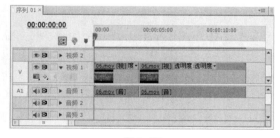

图 2-77　　　　　　　　　　　　　　　　　　图 2-78

2. 插入和覆盖编辑

用户可以选择插入和覆盖编辑，将"源"监视器面板或者"项目"面板中的素材插入到"时间线"面板中。在插入素材时，可以锁定其他轨道上的素材或切换，以免引起不必要的变动。锁定轨道非常有用，如可以在影片中插入一个视频素材而不改变音频轨道。

"插入"按钮 和"覆盖"按钮 可以将"源"监视器面板中的片段直接置入"时间线"面板中的时间标签 位置的当前轨道中。

◎ **插入编辑**

使用插入工具插入片段时，凡是处于时间标签 之后（包括部分处于时间标签 之后）的素材都会向后推移。如果时间标签 位于轨道中的素材之上，插入新的素材会把原有素材分为两段，直接插在其中，原有素材的后半部分将会向后推移，接在新素材之后。使用插入工具插入素材的具体操作步骤如下。

步骤 1 在"源"监视器面板中选中要插入"时间线"面板中的素材并为其设置入点和出点。

步骤 2 在"时间线"面板中将时间标签 移动到需要插入素材的时间点，如图 2-79 所示。

步骤 3 单击"源"监视器面板下方的"插入"按钮 ，将选择的素材插入"时间线"面板中，插入的新素材会直接插入其中，把原有素材分为两段，原有素材的后半部分将会向后推移，接在新素材之后，效果如图 2-80 所示。

图 2-79　　　　　　　　　　　　　　　　图 2-80

◎ 覆盖编辑

使用覆盖工具插入素材的具体操作步骤如下。

步骤 1 在"源"监视器面板中选中要插入"时间线"面板中的素材并为其设置入点和出点。

步骤 2 在"时间线"面板中将时间标签 移动到需要插入素材的时间点，如图 2-81 所示。

步骤 3 单击"源"监视器面板下方的"覆盖"按钮 ，将选择的素材插入"时间线"面板中，加入的新素材在时间标签 处将覆盖原有素材，如图 2-82 所示。

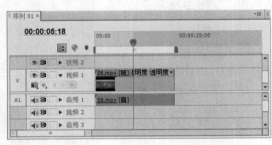

图 2-81　　　　　　　　　　　　　　　　图 2-82

3. 提升和提取编辑

使用"提升"按钮 和"提取"按钮 可以在"时间线"面板的指定轨道上删除指定的一段节目。

◎ 提升编辑

使用提升工具对影片进行删除修改时，只会删除目标轨道中选定范围内的素材片段，对其前、后的素材以及其他轨道上素材的位置都不会产生影响。使用提升工具的具体操作步骤如下。

步骤 1 在"节目"面板中为素材需要提取的部分设置入点、出点。设置的入点和出点同时显示在"时间线"面板的标尺上，如图 2-83 所示。

步骤 2 在"时间线"面板中选取提升素材的目标轨道。

步骤 3 单击"节目"面板下方的"提升"按钮 ，入点和出点之间的素材被删除，删除后的区域留下空白，如图 2-84 所示。

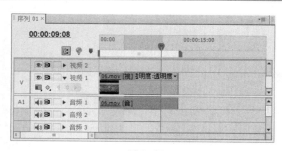

图 2-83

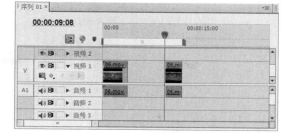

图 2-84

◎ 提取编辑

使用提取工具对影片进行删除修改，不但会删除目标选择栏中指定的目标轨道中指定的片段，还会将其后面的素材前移，填补空缺，而且将其他未锁定轨道之中位于该选择范围之内的片段一并删除并将后面的所有素材前移。使用提取工具的具体操作步骤如下。

步骤　1　在"节目"面板中为素材需要提取的部分设置入点、出点。设置的入点和出点同时显示在"时间线"面板的标尺上。

步骤　2　单击"节目"面板下方的"提取"按钮，入点和出点之间的素材被删除，其后面的素材自动前移，填补空缺，如图 2-85 所示。

图 2-85

4. 分离和链接素材

使用素材建立链接的具体操作步骤如下。

步骤　1　在"时间线"面板中框选要进行链接的视频和音频片段。

步骤　2　单击鼠标右键，在弹出的快捷菜单中选择"链接视频和音频"命令，片段就被链接在一起。

分离素材的具体操作步骤如下。

步骤　1　在"时间线"面板中选择视频链接素材。

步骤　2　单击鼠标右键，在弹出的快捷菜单中选择"解除视音频链接"命令，即可分离素材的音频和视频部分。

链接在一起的素材被断开后，分别移动音频和视频部分使其错位，然后再链接在一起，系统会在片段上标记警告并标识错位的时间，如图 2-86 所示，负值表示向前偏移，正值表示向后偏移。

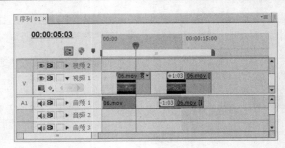

图 2-86

5. 群组

在项目编辑工作中，经常要对多个素材进行整体操作。这时候，使用群组命令，可以将多个片段组合为一个整体来进行移动和复制等操作。

建立群组素材的具体操作步骤如下。

步骤 1 在"时间线"面板中框选要群组的素材。

步骤 2 按住 Shift 键再次单击，可以加选素材。

步骤 3 在选定的素材上单击鼠标右键，在弹出的菜单中选择"编组"命令，选定的素材被群组。

素材被群组后，在进行移动和复制等操作的时候，就会作为一个整体进行操作。如果要取消群组效果，可以在群组的对象上单击鼠标右键，在弹出的菜单中选择"解组"命令即可。

6. 通用倒计时片头

通用倒计时通常用于影片开始前的倒计时准备。Premiere Pro CS6 为用户提供了现成的通用倒计时，用户可以非常简便地创建一个标准的倒计时素材，并可以在 Premiere Pro CS6 中随时对其进行修改，如图 2-87 所示。创建倒计时素材的具体操作步骤如下。

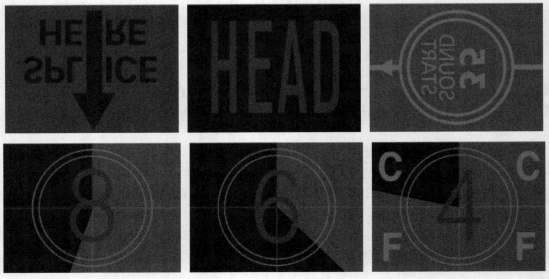

图 2-87

步骤 1 单击"项目"面板下方的"新建分项"按钮，在弹出的菜单中选择"通用倒计时片头"命令，弹出"新建通用倒计时片头"对话框，如图 2-88 所示。设置完成后，单击"确定"按钮，弹出"通用倒计时设置"对话框，如图 2-89 所示。

图 2-88

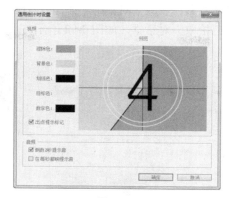

图 2-89

"擦除色"选项：擦除颜色。播放倒计时影片的时候，指示线会不停地围绕圆心转动，在指示线转动方向之后的颜色为擦除色。

"背景色"选项：背景颜色。指示线转换方向之前的颜色为背景色。

"划线色"选项：指示线颜色。固定十字及转动的指示线的颜色由该项设定。

"目标色"选项：准星颜色。指定圆形准星的颜色。

"数字色"选项：数字颜色。指定倒计时影片中 8、7、6、5、4 等数字的颜色。

"出点提示标记"选项：结束提示标志。勾选该复选框在倒计时结束时显示标志图形。

"倒数 2 秒提示音"选项：2 秒处是提示音标志。勾选该复选框在显示"2"的时候发声。

"在每秒都响提示音"选项：每秒提示音标志。勾选该复选框在每秒开始的时候发声。

步骤 2 设置完成后，单击"确定"按钮，Premiere Pro CS6 自动将该段倒计时影片加入"项目"面板。

用户可在"项目"面板或"时间线"面板中双击倒计时素材，随时打开"通用倒计时设置"对话框进行修改。

7. 彩条和黑场

◎ 彩条

Premiere Pro CS6 可以为影片在开始前加入一段彩条，如图 2-90 所示。

在"项目"面板下方单击"新建分项"按钮 ，在弹出的菜单中选择"彩条"命令，即可创建彩条。

◎ 黑场

Premiere Pro CS6 可以在影片中创建一段黑场。在"项目"面板下方单击"新建分项"按钮 ，在弹出的菜单中选择"黑场"命令，即可创建黑场。

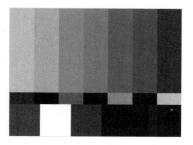

图 2-90

8. 彩色蒙版

Premiere Pro CS6 还可以为影片创建一个颜色蒙版。用户可以将颜色蒙版当作背景，也可利用"透明度"命令来设定与它相关的色彩的透明性。具体操作步骤如下。

步骤 1 在"项目"面板下方单击"新建分项"按钮 ，在弹出列表中选择"彩色蒙版"选项，弹出"新建彩色蒙版"对话框，如图 2-91 所示。进行参数设置后，单击"确定"按钮，弹出"颜色拾取"对话框，如图 2-92 所示。

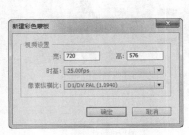

图 2-91

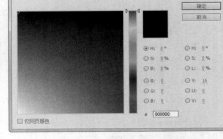

图 2-92

步骤 2 在"颜色拾取"对话框中选取蒙版所要使用的颜色，单击"确定"按钮。用户可在"项目"面板或"时间线"面板中双击颜色蒙版，随时打开"颜色拾取"对话框进行修改。

9. 透明视频

在 Premiere Pro CS6 中，用户可以创建一个透明的视频层，它能够应用特效到一系列的影片剪辑中而无需重复地复制和粘贴属性。只要应用一个特效到透明视频轨道上，特效结果将自动出现在下面的所有视频轨道中。

2.2.4 【实战演练】——制作倒计时效果

使用"导入"命令，导入视频文件；使用"字幕"命令，编辑文字与背景效果；使用"时钟式划变"命令，制作倒计时效果。最终效果参看云盘中的"Ch02\倒计时\倒计时.prproj"，如图 2-93 所示。

扫码观看
本案例视频

图 2-93

2.3 综合实例——改变视频播放的快慢

使用"导入"命令，导入视频文件；使用"缩放比例"选项，改变视频文件的大小；使用"剃刀"工具，分割视频文件；使用"速度/持续时间"命令，改变视频播放的快慢。最终效果参看云盘中的"Ch02\镜头的快慢处理\镜头的快慢处理.prproj"，如图 2-94 所示。

图 2-94

 **2.4 综合实例——制作影视片头**

使用"导入"命令，导入视频文件；使用"通用倒计时片头"命令，编辑默认倒计时属性；使用"速度/持续时间"命令，改变视频文件的播放速度。最终效果参看云盘中的"Ch02\影视片头\影视片头.prproj"，如图 2-95 所示。

图 2-95

第3章 制作视频切换效果

本章主要介绍如何在 Premiere Pro CS6 的影片素材或静止图像素材之间建立丰富多彩的切换特效的方法。每一个图像切换的控制方式都具有很多可调的选项。本章内容对于影视剪辑中的镜头切换有着非常实用的意义，它可以使剪辑的画面更加富于变化，更加生动多姿。

课堂学习目标

- 掌握视频切换特技设置
- 掌握高级切换特技

3.1 使用特效实现视频切换 I

3.1.1 【训练目标】

使用"导入"命令，导入视频文件；使用"星形划像"特效、"点划像"特效和"菱形划像"特效，制作视频之间的转场效果。最终效果参看云盘中的"Ch03\运动时刻\运动时刻.prproj"，如图 3-1 所示。

扫码观看
本案例视频

图 3-1

3.1.2 【案例操作】

1. 导入视频文件

步骤 1 启动 Premiere Pro CS6 软件，弹出"欢迎使用 Adobe Premiere Pro"欢迎界面，单击"新建项目"按钮，弹出"新建项目"对话框，设置"位置"选项，选择保存文件路径，在

"名称"文本框中输入文件名"运动时刻",如图 3-2 所示。单击"确定"按钮,弹出"新建序列"对话框,在左侧的列表中展开"DV-PAL"选项,选中"标准 48kHz"模式,如图 3-3 所示,单击"确定"按钮完成序列的创建。

图 3-2

图 3-3

步骤 2 选择"文件 > 导入"命令,弹出"导入"对话框,选择云盘中的"Ch03\运动时刻\素材\01、02、03 和 04"文件,如图 3-4 所示,单击"打开"按钮,将视频文件导入到"项目"面板中,如图 3-5 所示。

图 3-4

图 3-5

步骤 3 在"项目"面板中,选中"01"文件并将其拖曳到"时间线"面板中的"视频 1"轨道中,弹出"素材不匹配警告"对话框,如图 3-6 所示,单击"保持现有设置"按钮,将"01"文件放置在"视频 1"轨道中,如图 3-7 所示。

图 3-6

图 3-7

步骤 4 将时间标签放置在 5s 的位置，在"项目"面板中，选中"02"文件并将其拖曳到"时间线"面板中的"视频 1"轨道中，如图 3-8 所示。将时间标签放置在 9:02s 的位置，在"项目"面板中，选中"03"文件并将其拖曳到"时间线"面板中的"视频 1"轨道中，如图 3-9 所示。

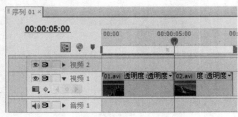

图 3-8

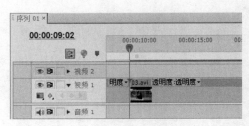

图 3-9

步骤 5 在"时间线"面板中，选中"视频 1"轨道中的"03"文件。选择"特效控制台"面板，展开"运动"选项，将"缩放比例"选项设置为 55，如图 3-10 所示。在"节目"面板中预览效果，如图 3-11 所示。

图 3-10

图 3-11

步骤 6 将时间标签放置在 19:12s 的位置，如图 3-12 所示。在"项目"面板中，选中"04"文件并将其拖曳到"时间线"面板中的"视频 1"轨道中，如图 3-13 所示。

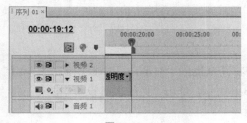

图 3-12

图 3-13

2. 制作视频转场效果

步骤 1 选择"窗口 > 效果"命令，弹出"效果"面板，展开"视频切换"特效分类选项，单击"划像"文件夹前面的三角形按钮 ▶ 将其展开，选中"星形划像"特效，如图 3-14 所示。将"星形划像"特效拖曳到"时间线"面板中的"01"文件的结尾处与"02"文件的开始位置，如图 3-15 所示。

图 3-14   图 3-15

步骤 2 在"时间线"面板中，选中"星形划像"特效，如图 3-16 所示。在"特效控制台"面板中，将"持续时间"选项设置为 1:19s，如图 3-17 所示，调整划像的时间。

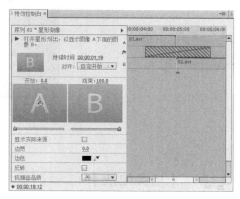

图 3-16   图 3-17

步骤 3 在"效果"面板中，展开"视频切换"特效分类选项，单击"划像"文件夹前面的三角形按钮 ▶ 将其展开，选中"点划像"特效，如图 3-18 所示。将"点划像"特效拖曳到"时间线"面板中的"03"文件开始位置，如图 3-19 所示。

图 3-18   图 3-19

步骤 4 在"效果"面板中，展开"视频切换"特效分类选项，单击"划像"文件夹前面的三角形按钮 ▶ 将其展开，选中"菱形划像"特效，如图 3-20 所示。将"菱形划像"特效拖曳到"时间线"面板中的"03"文件结尾位置，如图 3-21 所示。

图 3-20

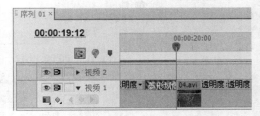

图 3-21

步骤 5 运动时刻制作完成，如图 3-22 所示。

图 3-22

3.1.3 【相关知识】

1. 使用镜头切换

一般情况下，切换在同一轨道的两个相邻素材之间使用，如图 3-23 所示；当然，也可以单独为一个素材施加切换，这时候素材与其下方的轨道进行切换，但是下方的轨道只是作为背景使用，并不能被切换所控制。

我们为影片添加切换后，可以改变切换的长度。最简单的方法是在序列中选中"切换"按钮 中心剥落，拖曳切换的边缘即可；还可以双击切换打开"特效控制台"面板，在该面板中对切换进一步调整，如图 3-24 所示。

图 3-23

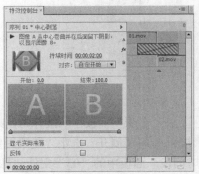

图 3-24

2. 调整切换区域

在右侧的时间线区域里可以设置切换的长度和位置。在两段影片加入切换后，时间线上会有一个重叠区域，这个重叠区域就是发生切换的范围。同"时间线"面板中只显示入点和出点间的影片不同，在"特效控制台"面板的时间线中会显示影片的完全长度，这样设置的优点是可以随时修改影片参与切换的位置。

将鼠标指针移动到影片上，按住鼠标左键拖曳，即可移动影片的位置，改变切换的影响区域，如图 3-25 所示。

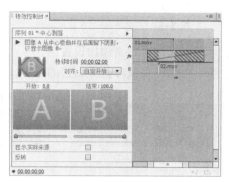

图 3-25

将鼠标指针移动到切换中线上拖曳，可以改变切换位置，如图 3-26 所示；还可以将鼠标指针移动到切换块上拖曳改变切换位置，如图 3-27 所示。

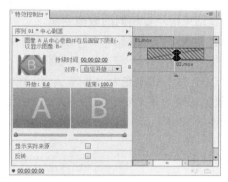

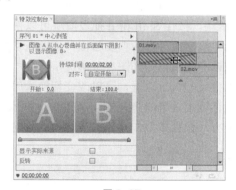

图 3-26　　　　　　　　　　　　　　　　图 3-27

在左边的"对齐"下拉列表中提供了以下几种切换对齐方式。

① "居中于切点"选项：将切换添加到两剪辑的中间部分，如图 3-28 和图 3-29 所示。

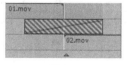

图 3-28　　　　　　　　　　　　图 3-29

② "开始于切点"选项：以剪辑的入点位置为准建立切换，如图 3-30 和图 3-31 所示。

图 3-30　　　　　　　　图 3-31

③ "结束于切点"选项：将切换点添加到第一个剪辑的结尾处，如图 3-32 和图 3-33 所示。

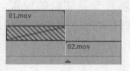

图 3-32　　　　　　　　图 3-33

④ "自定开始"选项：表示可以通过自定义添加设置。

将鼠标指针移动到切换边缘，可以拖曳鼠标改变切换的长度，如图 3-34 和图 3-35 所示。

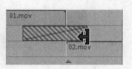

图 3-34　　　　　　　　图 3-35

3. 切换设置

在左边的切换设置中，可以对切换做进一步的设置。

默认情况下，切换都是从 A 到 B 完成的。要改变切换的开始和结束状态，可拖曳"开始"和"结束"滑块。按住 Shift 键并拖曳滑块可以使开始和结束滑块以相同的数值变化。

勾选"显示实际来源"复选框，可以在切换设置面板上方"开始"和"结束"面板中显示切换的开始帧和结束帧，如图 3-36 所示。

勾选"反转"复选框，可以改变切换顺序，由 A 至 B 的切换变为由 B 至 A 的切换。

在对话框上方单击 ▶ 按钮，可以在小视窗中预览切换效果。对于某些有方向性的切换来说，可以在上方小视窗中单击箭头改变切换的方向，如图 3-37 所示。

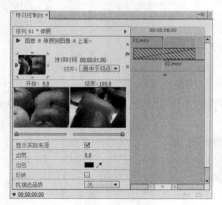

图 3-36　　　　　　　　　　图 3-37

对于某些切换来说，具有位置的性质，如出入屏的时候画面从屏幕的哪个位置开始。这时可以在切换的开始和结束显示框中调整位置。

对话框上方的"持续时间"栏中可以输入切换的持续时间，这与拖曳切换边缘改变长度是相同的。

4. 设置默认切换

选择"编辑 > 首选项 > 常规"命令，弹出"首选项"对话框，可以分别设定视频和音频切换的默认时间，还可以设置静帧图像的默认切换时间，如图3-38所示。

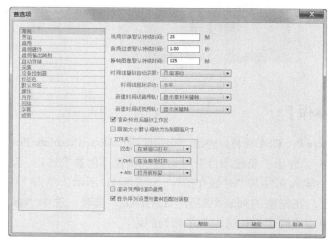

图 3-38

Premiere Pro CS6 将各种转换特效根据类型的不同，分别放在"效果"面板中的"视频切换"文件夹下的子文件夹中，用户可以根据使用的转换类型，方便地进行查找。

3.1.4 【实战演练】——视频切换综合训练 1

使用"导入"命令，导入素材文件；使用"交叉叠化"特效，制作图片之间的转场效果。最终效果参看云盘中的"Ch03\田园时光\田园时光. prproj"，如图3-39所示。

扫 码 观 看
本案例视频

图 3-39

3.2 使用特效实现图片切换

3.2.1 【训练目标】

使用"导入"命令，导入素材文件；使用"旋转"特效、"交叉叠化"特效和"中心剥落"

特效，制作图片之间的转场效果。最终效果参看云盘中的"Ch03\时尚女孩\时尚女孩.prproj"，如图 3-40 所示。

扫码观看
本案例视频

图 3-40

3.2.2 【案例操作】

步骤 1 启动 Premiere Pro CS6 软件，弹出"欢迎使用 Adobe Premiere Pro"欢迎界面，单击"新建项目"按钮 🔳，弹出"新建项目"对话框，设置"位置"选项，选择保存文件路径，在"名称"文本框中输入文件名"时尚女孩"，如图 3-41 所示。单击"确定"按钮，弹出"新建序列"对话框，在左侧的列表中展开"DV-PAL"选项，选中"标准 48kHz"模式，如图 3-42 所示，单击"确定"按钮完成序列的创建。

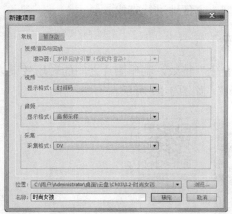

图 3-41   图 3-42

步骤 2 选择"文件 > 导入"命令，弹出"导入"对话框，选择云盘中的"Ch03\时尚女孩\素材\01、02、03 和 04"文件，如图 3-43 所示，单击"打开"按钮，将素材文件导入到"项目"面板中，如图 3-44 所示。

步骤 3 按住 Ctrl 键的同时，在"项目"面板中，选中"01、02、03 和 04"文件并将其拖曳到"时间线"面板中的"视频 1"轨道中，如图 3-45 所示。

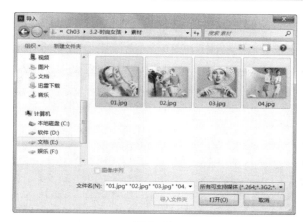

图 3-43   图 3-44

图 3-45

步骤 **4** 选择"窗口 > 效果"命令，弹出"效果"面板，展开"视频切换"特效分类选项，单击"3D 运动"文件夹前面的三角形按钮 ▶ 将其展开，选中"旋转"特效，如图 3-46 所示。将"旋转"特效拖曳到"时间线"面板中的"01"文件的结尾处与"02"文件的开始位置，如图 3-47 所示。

图 3-46

图 3-47

步骤 **5** 在"效果"面板，展开"视频切换"特效分类选项，单击"叠化"文件夹前面的三角形按钮 ▶ 将其展开，选中"交叉叠化"特效，如图 3-48 所示。将"交叉叠化"特效拖曳到"时间线"面板中的"02"文件的结尾处与"03"文件的开始位置，如图 3-49 所示。

步骤 **6** 在"效果"面板，展开"视频切换"特效分类选项，单击"卷页"文件夹前面的三角形按钮 ▶ 将其展开，选中"中心剥落"特效，如图 3-50 所示。将"中心剥落"特效拖曳

图 3-48

到"时间线"面板中的"03"文件的结尾处与"04"文件的开始位置，如图 3-51 所示。

步骤 7 时尚女孩制作完成，如图 3-52 所示。

图 3-49

图 3-50

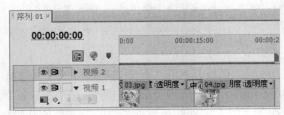

图 3-51

图 3-52

3.2.3 【相关知识】

1. 3D 运动

在"3D 运动"文件夹中共包含 10 种三维运动效果的场景切换。

◎ 向上折叠

"向上折叠"特效使影片 A 像纸一样被重复折叠，显示影片 B，效果如图 3-53 和图 3-54 所示。

图 3-53

图 3-54

◎ 帘式

"帘式"特效使影片 A 如同窗帘一样被拉起，显示影片 B，效果如图 3-55 和图 3-56 所示。

图 3-55

图 3-56

◎ 摆入

"摆入"特效使影片 B 过渡到影片 A 产生内关门效果，效果如图 3-57 和图 3-58 所示。

图 3-57

图 3-58

◎ 摆出

"摆出"特效使影片 B 过渡到影片 A 产生外关门效果，效果如图 3-59 和图 3-60 所示。

图 3-59

图 3-60

◎ 旋转

"旋转"特效使影片 B 从影片 A 中心展开，效果如图 3-61 和图 3-62 所示。

图 3-61

图 3-62

中等职业教育数字艺术类规划教材

◎ 旋转离开

"旋转离开"特效使影片 B 从影片 A 中心旋转出现，效果如图 3-63 和图 3-64 所示。

图 3-63　　　　　　　　　　　图 3-64

◎ 立方体旋转

"立方体旋转"特效可以使影片 A 和影片 B 如同立方体的两个面过渡转换，效果如图 3-65 和图 3-66 所示。

图 3-65　　　　　　　　　　　图 3-66

◎ 筋斗过渡

"筋斗过渡"特效使影片 A 旋转翻入影片 B，效果如图 3-67 和图 3-68 所示。

图 3-67　　　　　　　　　　　图 3-68

◎ 翻转

"翻转"特效使影片 A 翻转到影片 B。在"特效控制台"面板中单击"自定义"按钮，弹出"翻转设置"对话框，如图 3-69 所示。

"带"选项：输入空翻的影像数量。带的最大数值为 8。

"填充颜色"选项：设置空白区域颜色。

"翻转"切换转场效果如图 3-70 和图 3-71 所示。

图 3-69　　　　　　　　　　图 3-70　　　　　　　　　　　图 3-71

◎ 门

"门"特效使影片 B 如同关门一样覆盖影片 A，效果如图 3-72 和图 3-73 所示。

图 3-72　　　　　　　　　　　　图 3-73

2. 叠化

在"叠化"文件夹下，共包含 8 种叠化溶解效果的视频转场特效。

◎ 交叉叠化

"交叉叠化"特效使影片 A 淡化为影片 B，效果如图 3-74 和图 3-75 所示。该切换为标准的淡入淡出切换。在支持 Premiere Pro CS6 的双通道视频卡上，该切换可以实现实时播放。

图 3-74　　　　　　　　　　　　图 3-75

◎ 抖动溶解

"抖动溶解"特效使影片 B 以点的方式出现，取代影片 A，效果如图 3-76 和图 3-77 所示。

图 3-76　　　　　　　　　　图 3-77

◎ 白场过渡

"白场过渡"特效使影片 A 以变亮的模式淡化为影片 B，效果如图 3-78 和图 3-79 所示。

图 3-78　　　　　　　　　　图 3-79

◎ 胶片溶解

"胶片溶解"特效使影片 A 以胶片方式渐隐于影片 B，效果如图 3-80 和图 3-81 所示。

图 3-80　　　　　　　　　　图 3-81

◎ 附加叠化

"附加叠化"特效使影片 A 以加亮模式淡化为影片 B，效果如图 3-82 和图 3-83 所示。

图 3-82　　　　　　　　　　图 3-83

◎ **随机反相**

"随机反相"特效以随意块方式使影片 A 过渡到影片 B,并在随意块中显示反色效果。双击效果,在"特效控制台"面板中单击"自定义"按钮,弹出"随机反相设置"对话框,如图 3-84 所示。

"宽/高"选项:设置图像水平/垂直随意块数量。

"反相源"选项:显示影片 A 反色效果。

"反相目标"选项:显示影片 B 反色效果。

"随机反相"特效转换效果如图 3-85 和图 3-86 所示。

图 3-84　　　　　　　　图 3-85　　　　　　　　图 3-86

◎ **非附加叠化**

"非附加叠化"特效使影片 A 与影片 B 的亮度叠加消溶,效果如图 3-87 和图 3-88 所示。

图 3-87　　　　　　　　　　　图 3-88

◎ **黑场过渡**

"黑场过渡"特效使影片 A 以变暗的模式淡化为影片 B,效果如图 3-89 和图 3-90 所示。

图 3-89　　　　　　　　　　　图 3-90

3. 划像

在"划像"文件夹中包含 7 种划像效果的视频转换特效。

◎ 划像交叉

"划像交叉"特效使影片 B 呈十字形从影片 A 中展开，效果如图 3-91 和图 3-92 所示。

图 3-91　　　　　　　　　　　　　图 3-92

◎ 划像形状

"划像形状"特效使影片 B 产生多个规则形状从影片 A 中展开。双击效果，在"特效控制台"面板中单击"自定义"按钮，弹出"划像形状设置"对话框，如图 3-93 所示。

"形状数量"选项：拖曳滑块调整水平和垂直方向规则形状的数量。

"形状类型"选项：选择形状的类型，包括矩形、椭圆和菱形。

"划像形状"转场效果如图 3-94 和图 3-95 所示。

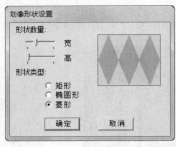

图 3-93　　　　　　　　图 3-94　　　　　　　　图 3-95

◎ 圆划像

"圆划像"特效使影片 B 呈圆形从影片 A 中展开，效果如图 3-96 和图 3-97 所示。

图 3-96　　　　　　　　　　　　　图 3-97

◎ 星形划像

"星形划像"特效使影片 B 呈星形从影片 A 正中心展开，效果如图 3-98 和图 3-99 所示。

图 3-98　　　　　　　　　　　　　　图 3-99

◎　点划像

"点划像"特效使影片 B 呈斜角十字形从影片 A 中铺开，效果如图 3-100 和图 3-101 所示。

图 3-100　　　　　　　　　　　　　图 3-101

◎　盒形划像

"盒形划像"特效使影片 B 呈矩形从影片 A 中展开，效果如图 3-102 和图 3-103 所示。

图 3-102　　　　　　　　　　　　　图 3-103

◎　菱形划像

"菱形划像"特效使影片 B 呈菱形从影片 A 中展开，效果如图 3-104 和图 3-105 所示。

图 3-104　　　　　　　　　　　　　图 3-105

4. 映射

在"映射"文件夹中提供了两种使用影像通道作为影片进行切换的视频转场。

◎ 明亮度映射

"明亮度映射"特效将图像 A 的亮度映射到图像 B，如图 3-106、图 3-107 和图 3-108 所示。

图 3-106　　　　　　　　　　图 3-107　　　　　　　　　　图 3-108

◎ 通道映射

"通道映射"特效从影片 A 或影片 B 中选择通道并映射到导出的形式来实现。

将特效拖曳到"时间线"面板中的对象上时，会自动弹出"通道映射设置"对话框，如图 3-109 所示，在"映射"选项的下拉列表中可以选择要输出的目标通道和素材通道。双击效果，在"特效控制台"面板中单击"自定义"按钮也可以弹出对话框进行设置。

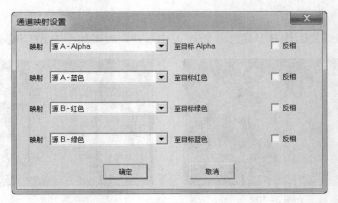

图 3-109

"通道映射"转场效果如图 3-110、图 3-111 和图 3-112 所示。

图 3-110　　　　　　　　　　图 3-111　　　　　　　　　　图 3-112

5. 卷页

在"卷页"文件夹中共有 5 种视频卷页切换效果。

◎ **中心剥落**

"中心剥落"特效使影片 A 在正中心分为 4 块分别向四角卷起，露出影片 B，效果如图 3-113 和图 3-114 所示。

图 3-113　　　　　　　　　　　　　　　图 3-114

◎ **剥开背面**

"剥开背面"特效使影片 A 由中心点向四周分别被卷起，露出影片 B，效果如图 3-115 和图 3-116 所示。

图 3-115　　　　　　　　　　　　　　　图 3-116

◎ **卷走**

"卷走"特效使影片 A 产生卷轴卷起效果，露出影片 B，效果如图 3-117 和图 3-118 所示。

图 3-117　　　　　　　　　　　　　　　图 3-118

◎ 翻页

"翻页"特效使影片 A 从左上角向右下角卷动，露出影片 B，效果如图 3-119 和图 3-120 所示。

图 3-119   图 3-120

◎ 页面剥落

"页面剥落"特效使影片 A 像纸一样被翻面卷起，露出影片 B，如图 3-121 和图 3-122 所示。

图 3-121   图 3-122

6. 滑动

在"滑动"文件夹中共包含 12 种视频切换效果。

◎ 中心合并

"中心合并"特效使影片 A 分裂成 4 块向中心合并并逐渐露出影片 B，效果如图 3-123 和图 3-124 所示。

图 3-123   图 3-124

◎ 中心拆分

"中心拆分"特效使影片 A 从中心分裂为 4 块，向四角滑出，效果如图 3-125 和图 3-126 所示。

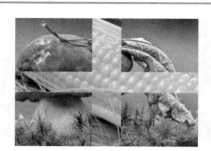
图 3-125

图 3-126

◎ **互换**

"互换"特效使影片 B 从影片 A 的后方向前方覆盖影片 A，效果如图 3-127 和图 3-128 所示。

图 3-127

图 3-128

◎ **多旋转**

"多旋转"特效使影片 B 被分割成若干个小方格旋转铺入。双击效果，在"特效控制台"面板中单击"自定义"按钮，弹出"多旋转设置"对话框，如图 3-129 所示。

"水平"选项：输入水平方向的方格数量。

"垂直"选项：输入垂直方向的方格数量。

"多旋转"切换效果如图 3-130 和图 3-131 所示。

图 3-129

图 3-130

图 3-131

◎ **带状滑动**

"带状滑动"特效使影片 B 以条状进入并逐渐覆盖影片 A。双击效果，在"特效控制台"面板中单击"自定义"按钮，弹出"带状滑动设置"对话框，如图 3-132 所示。

"带数量"选项：输入切换条数目。

"带状滑动"切换效果如图 3-133 和图 3-134 所示。

图 3-132

图 3-133

图 3-134

◎ 拆分

"拆分"特效使影片 A 像自动门一样打开露出影片 B，效果如图 3-135 和图 3-136 所示。

图 3-135

图 3-136

◎ 推

"推"特效使影片 B 将影片 A 推出屏幕，效果如图 3-137 和图 3-138 所示。

图 3-137

图 3-138

◎ 斜线滑动

"斜线滑动"特效使影片 B 呈自由线条状滑入影片 A。双击效果，在"特效控制台"面板中单击"自定义"按钮，弹出"斜线滑动设置"对话框，如图 3-139 所示。

图 3-139

"切片数量"选项：输入转换切片数目。

"斜线滑动"切换效果如图 3-140 和图 3-141 所示。

图 3-140

图 3-141

◎ 滑动

"滑动"特效使影片 B 滑入覆盖影片 A，效果如图 3-142 和图 3-143 所示。

图 3-142

图 3-143

◎ 滑动带

"滑动带"特效使影片 B 在水平或垂直的线条中逐渐显示，效果如图 3-144 和图 3-145 所示。

图 3-144

图 3-145

◎ 滑动框

"滑动框"特效与"滑动带"类似，使影片 B 的形成更像积木的累积，效果如图 3-146 和图 3-147 所示。

图 3-146

图 3-147

◎ 漩涡

"漩涡"特效使影片 B 打破为若干方块从影片 A 中旋转而出。双击效果，在"特效控制台"面板中单击"自定义"按钮，弹出"漩涡设置"对话框，如图 3-148 所示。

"水平"选项：输入水平方向产生的方块数量。

"垂直"选项：输入垂直方向产生的方块数量。

"速率（%）"选项：输入旋转度。

"漩涡"切换效果如图 3-149 和图 3-150 所示。

图 3-148

图 3-149

图 3-150

3.2.4 【实战演练】——视频切换综合训练 2

使用"导入"命令，导入素材文件；使用"划像交叉"特效、"向上折叠"特效和"多旋转"特效，制作视频之间的转场效果。最终效果参看云盘中的"Ch03\峡谷风采\峡谷风采.prproj"，如图 3-151 所示。

图 3-151

3.3 使用特效实现视频切换 2

3.3.1 【训练目标】

使用"导入"命令，导入视频文件；使用"交叉缩放"特效、"缩放拖尾"特效、"带状擦除"特效和"时钟式划变"特效，制作视频之间的转场效果。最终效果参看云盘中的"Ch03\自然风光\自然风光.prproj"，如图 3-152 所示。

图 3-152

3.3.2 【案例操作】

1. 导入视频文件

步骤 1 启动 Premiere Pro CS6 软件，弹出"欢迎使用 Adobe Premiere Pro"欢迎界面，单击"新建项目"按钮 ，弹出"新建项目"对话框，设置"位置"选项，选择保存文件路径，在"名称"文本框中输入文件名"自然风光"，如图 3-153 所示。单击"确定"按钮，弹出"新建序列"对话框，在左侧的列表中展开"DV-PAL"选项，选中"标准 48kHz"模式，如图 3-154 所示，单击"确定"按钮完成序列的创建。

图 3-153

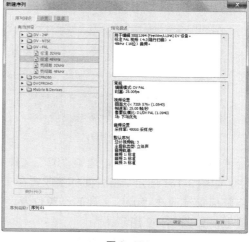

图 3-154

步骤 2 选择"文件 > 导入"命令，弹出"导入"对话框，选择云盘中的"Ch03\自然风光\素材\01、02、03、04 和 05"文件，如图 3-155 所示，单击"打开"按钮，将素材文件导入到"项目"面板中，如图 3-156 所示。

图 3-155

图 3-156

步骤 3 在"项目"面板中，选中"01"文件并将其拖曳到"时间线"面板中的"视频 1"轨道中，弹出"素材不匹配警告"对话框，如图 3-157 所示，单击"保持现有设置"按钮，将"01"文件放置在"视频 1"轨道中，如图 3-158 所示。

图 3-157

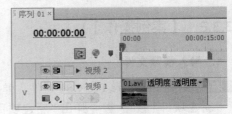

图 3-158

步骤 4 将时间标签放置在 6s 的位置，如图 3-159 所示。在"视频 1"轨道上选中"01"文件，将鼠标指针放在"01"文件的结束位置，当鼠标指针呈◀状时，向左拖曳指针到 6s 的位置上，如图 3-160 所示。

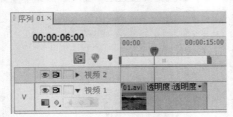

图 3-159

图 3-160

步骤 5 在"项目"面板中，选中"02"文件并将其拖曳到"时间线"面板中的"视频 1"轨道中，如图 3-161 所示。将时间标签放置在 15s 的位置，在"视频 1"轨道上选中"02"文件，将鼠标指针放在"02"文件的结束位置，当鼠标指针呈◀状时，向左拖曳指针到 15s 的位置上，如图 3-162 所示。

步骤 6 在"项目"面板中，选中"03"文件并将其拖曳到"时间线"面板中的"视频 1"轨道中，如图 3-163 所示。将时间标签放置在 21:09s 的位置，在"视频 1"轨道上选中"03"文件，将鼠标指针放在"03"文件的结束位置，当鼠标指针呈◀状时，向左拖曳指针到 21:09s 的位置上，如图 3-164 所示。

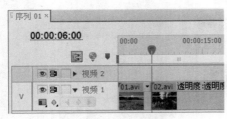

图 3-161

图 3-162

图 3-163

图 3-164

步骤 7 在"项目"面板中，选中"04"文件并将其拖曳到"时间线"面板中的"视频 1"轨道

中，如图 3-165 所示。将时间标签放置在 27:15s 的位置，在"视频 1"轨道上选中"04"文件，将鼠标指针放在"04"文件的结束位置，当鼠标指针呈 ◄| 状时，向左拖曳指针到 27:15s 的位置上，如图 3-166 所示。

图 3-165

图 3-166

步骤 8 在"项目"面板中，选中"05"文件并将其拖曳到"时间线"面板中的"视频 1"轨道中，如图 3-167 所示。将时间标签放置在 34:23s 的位置，在"视频 1"轨道上选中"05"文件，将鼠标指针放在"05"文件的结束位置，当鼠标指针呈 ◄| 状时，向左拖曳指针到 34:23s 的位置上，如图 3-168 所示。

图 3-167

图 3-168

2. 制作视频转场效果

步骤 1 选择"窗口 > 效果"命令，弹出"效果"面板，展开"视频切换"特效分类选项，单击"缩放"文件夹前面的三角形按钮 ▶ 将其展开，选中"交叉缩放"特效，如图 3-169 所示。将"交叉缩放"特效拖曳到"时间线"面板中"02"文件的开始位置，如图 3-170 所示。

图 3-169

图 3-170

步骤 2 在"效果"面板，展开"视频切换"特效分类选项，单击"缩放"文件夹前面的三角形按钮 ▶ 将其展开，选中"缩放拖尾"特效，如图 3-171 所示。将"缩放拖尾"特效拖曳到"时间线"面板中"03"文件的开始位置，如图 3-172 所示。

图 3-171

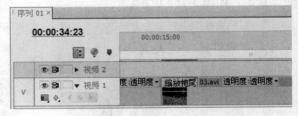

图 3-172

步骤 3 在"效果"面板，展开"视频切换"特效分类选项，单击"擦除"文件夹前面的三角形按钮 ▶ 将其展开，选中"带状擦除"特效，如图 3-173 所示。将"带状擦除"特效拖曳到"时间线"面板中"04"文件的开始位置，如图 3-174 所示。

图 3-173

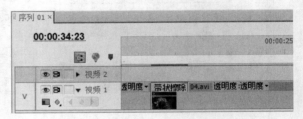

图 3-174

步骤 4 在"效果"面板，展开"视频切换"特效分类选项，单击"擦除"文件夹前面的三角形按钮 ▶ 将其展开，选中"时钟式划变"特效，如图 3-175 所示。将"时钟式划变"特效拖曳到"时间线"面板中"05"文件的开始位置，如图 3-176 所示。

图 3-175

图 3-176

步骤 5 自然风光制作完成，如图 3-177 所示。

图 3-177

3.3.3 【相关知识】

1. 特殊效果

在"特殊效果"文件夹中共包含 3 种视频转换特效。

◎ 映射红蓝通道

"映射红蓝通道"特效将影片 A 中的红蓝通道映射混合到影片 B，效果如图 3-178、图 3-179 和图 3-180 所示。

图 3-178

图 3-179

图 3-180

◎ 纹理

"纹理"特效使图像 A 作为贴图映射给图像 B，效果如图 3-181、图 3-182 和图 3-183 所示。

图 3-181

图 3-182

图 3-183

◎ **置换**

"置换"特效将处于时间线前方的片段作为位移图，以其像素颜色值的明暗，分别用水平和垂直的错位来影响与其进行切换的片段，效果如图 3-184、图 3-185 和图 3-186 所示。

图 3-184

图 3-185

图 3-186

2. 伸展

在"伸展"文件夹下共包含 4 种切换视频特效。

◎ **交叉伸展**

"交叉伸展"特效使影片 A 逐渐被影片 B 平行挤压替代，效果如图 3-187 和图 3-188 所示。

图 3-187

图 3-188

◎ **伸展**

"伸展"特效使影片 A 从一边伸展开覆盖影片 B，效果如图 3-189 和图 3-190 所示。

图 3-189

图 3-190

◎ **伸展覆盖**

"伸展覆盖"特效使影片 B 拉伸出现，逐渐代替影片 A，效果如图 3-191 和图 3-192 所示。

图 3-191

图 3-192

◎ 伸展进入

"伸展进入"特效使影片 B 在影片 A 的中心横向伸展，效果如图 3-193 和图 3-194 所示。

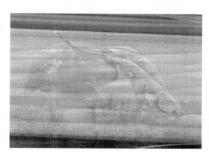

图 3-193

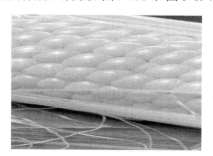

图 3-194

3. 擦除

在"擦除"文件夹中共包含 17 种切换的视频转场特效。

◎ 双侧平推门

"双侧平推门"特效使影片 A 以展开和关门的方式过渡到影片 B，效果如图 3-195 和图 3-196 所示。

图 3-195

图 3-196

◎ 带状擦除

"带状擦除"特效使影片 B 从水平方向以条状进入并覆盖影片 A，效果如图 3-197 和图 3-198 所示。

图 3-197

图 3-198

◎ 径向划变

"径向划变"特效使影片 B 从影片 A 的一角扫入画面，效果如图 3-199 和图 3-200 所示。

图 3-199

图 3-200

◎ 插入

"插入"特效使影片 B 从影片 A 的左上角斜插进入画面，效果如图 3-201 和图 3-202 所示。

图 3-201

图 3-202

◎ 擦除

"擦除"特效使影片 B 逐渐扫过影片 A，效果如图 3-203 和图 3-204 所示。

图 3-203

图 3-204

◎ **时钟式划变**

"时钟式划变"特效使影片 A 以时钟旋转方式过渡到影片 B，效果如图 3-205 和图 3-206 所示。

图 3-205

图 3-206

◎ **棋盘**

"棋盘"特效使影片 A 以棋盘消失方式过渡到影片 B，效果如图 3-207 和图 3-208 所示。

图 3-207

图 3-208

◎ **棋盘划变**

"棋盘划变"特效使影片 B 以方格形式逐行出现覆盖影片 A，效果如图 3-209 和图 3-210 所示。

图 3-209

图 3-210

◎ **楔形划变**

"楔形划变"特效使影片 B 呈扇形打开扫入，效果如图 3-211 和图 3-212 所示。

图 3-211

图 3-212

◎ 水波块

"水波块"特效使影片 B 沿 "Z" 字形交错扫过影片 A。在"特效控制台"面板中单击"自定义"按钮，弹出"水波块设置"对话框，如图 3-213 所示。

"水平"选项：输入水平方向的方格数量。

"垂直"选项：输入垂直方向的方格数量。

"水波块"切换特效如图 3-214 和图 3-215 所示。

图 3-213

图 3-214

图 3-215

◎ 油漆飞溅

"油漆飞溅"特效使影片 B 以墨点状覆盖影片 A，效果如图 3-216 和图 3-217 所示。

图 3-216

图 3-217

◎ 渐变擦除

"渐变擦除"特效可以用一张灰度图像制作渐变切换。在渐变切换中，影片 A 充满灰度图像的黑色区域，然后通过每一个灰度开始显示进行切换，直到白色区域完全透明。

将特效拖曳到"时间线"面板中的对象上时，会自动弹出"渐变擦除设置"对话框，如图 3-218 所示。在"特效控制台"面板中单击"自定义"按钮也可以弹出对话框进行重新设置。

图 3-218

"选择图像"选项：单击此按钮，弹出"打开"对话框，可以打开作为灰度图的图像。

"柔和度"选项：设置过渡边缘的羽化程度。

"渐变擦除"切换特效效果如图 3-219 和图 3-220 所示。

图 3-219　　　　　　　　　　　　　　图 3-220

◎ 百叶窗

"百叶窗"特效使影片 B 在逐渐加粗的线条中逐渐显示，类似于百叶窗效果，效果如图 3-221 和图 3-222 所示。

图 3-221　　　　　　　　　　　　　　图 3-222

◎ 螺旋框

"螺旋框"特效使影片 B 以螺纹块状旋转出现。在"特效控制台"面板中单击"自定义"按钮，弹出"螺旋框设置"对话框，如图 3-223 所示。

图 3-223

"水平"选项：输入水平方向的方格数量。

"垂直"选项：输入垂直方向的方格数量。

"螺旋框"切换效果如图 3-224 和图 3-225 所示。

图 3-224

图 3-225

◎ 随机块

"随机块"特效使影片 B 以方块形式随意出现覆盖影片 A，效果如图 3-226 和图 3-227 所示。

图 3-226

图 3-227

◎ 随机擦除

"随机擦除"特效使影片 B 产生随意方块，以由上向下擦除的形式覆盖影片 A，效果如图 3-228 和图 3-229 所示。

图 3-228

图 3-229

◎ 风车

"风车"特效使影片 B 以风车轮状旋转覆盖影片 A，效果如图 3-230 和图 3-231 所示。

图 3-230

图 3-231

4. 缩放

在"缩放"文件夹下共包含 4 种以缩放方式过渡的切换视频特效。

◎ 交叉缩放

"交叉缩放"特效使影片 A 放大冲出，影片 B 缩小进入，效果如图 3-232 和图 3-233 所示。

图 3-232　　　　　　　　　　　　　图 3-233

◎ 缩放

"缩放"特效使影片 B 从影片 A 中放大出现，效果如图 3-234 和图 3-235 所示。

图 3-234　　　　　　　　　　　　　图 3-235

◎ 缩放拖尾

"缩放拖尾"特效使影片 A 缩小并带有拖尾消失，效果如图 3-236 和图 3-237 所示。

图 3-236　　　　　　　　　　　　　图 3-237

◎ 缩放框

"缩放框"特效使影片 B 分为多个方块从影片 A 中放大出现。在"特效控制台"面板中单击"自定义"按钮，弹出"缩放框设置"对话框，如图 3-238 所示。

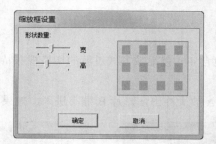

图 3-238

"形状数量"选项：拖曳滑块，设置水平和垂直方向的方块数量。

"缩放框"切换特效如图 3-239 和图 3-240 所示。

图 3-239

图 3-240

3.3.4　【实战演练】——视频切换综合训练 3

使用"导入"命令，导入视频文件；使用"擦除"特效、"缩放框"特效和"伸展覆盖"特效，制作视频之间的切换效果。最终效果参看云盘中的"Ch03\自然景色\自然景色.prproj"，如图 3-241 所示。

扫码观看
本案例视频

图 3-241

3.4　综合案例——制作绝色美食视频

使用"导入"命令，导入素材文件；使用"胶片溶解"特效、"径向划变"特效和"滑动框"特效，制作图片之间的切换效果。最终效果参看云盘中的"Ch03\绝色美食\绝色美食.prproj"，如图 3-242 所示。

图 3-242

3.5　综合案例——制作飞翔的雄鹰视频

使用"导入"命令，导入视频文件；使用"筋斗过渡"特效、"水波块"特效和"斜线滑动"特效，制作视频之间的切换效果。最终效果参看云盘中的"Ch03\飞翔的雄鹰\飞翔的雄鹰.prproj"，如图 3-243 所示。

图 3-243

第4章 应用视频特效

本章主要介绍 Premiere Pro CS6 中的视频特效，这些特效可以应用在视频、图片和文字上。通过本章的学习，读者可以快速了解并掌握视频特效制作的精髓，随心所欲地创造出丰富多彩的视觉效果。

 课堂学习目标

- 掌握视频特效的应用
- 掌握使用关键帧控制效果
- 掌握视频特效的操作

4.1 制作飘落特效

4.1.1 【训练目标】

使用"导入"命令，导入素材文件；使用"位置"和"缩放比例"选项，编辑图像的位置与缩放大小；使用"旋转"选项，制作树叶旋转动画；使用"边角固定"特效，编辑图像边角并制作动画。最终效果参看云盘中的"Ch04\飘落的树叶\飘落的树叶.prproj"，如图 4-1 所示。

4.1.2 【案例操作】

1. 新建项目与导入素材

图 4-1

步骤 1 启动 Premiere Pro CS6 软件，弹出"欢迎使用 Adobe Premiere Pro"欢迎界面，单击"新建项目"按钮 █，弹出"新建项目"对话框，设置"位置"选项，选择保存文件路径，在"名称"文本框中输入文件名"飘落的树叶"，如图 4-2 所示。单击"确定"按钮，弹出"新建序列"对话框，在左侧的列表中展开"DV-PAL"选项，选中"标准 48kHz"模式，如图 4-3 所示，单击"确定"按钮完成序列的创建。

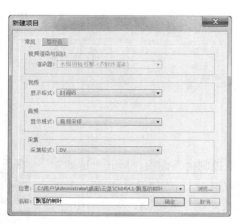

图 4-2

图 4-3

步骤　2　选择"文件 > 导入"命令，弹出"导入"对话框，选择云盘中的"Ch04\飘落的树叶\素材\01 和 02"文件，如图 4-4 所示，单击"打开"按钮，将文件导入到"项目"面板中，如图 4-5 所示。

图 4-4

图 4-5

步骤　3　在"项目"面板中，选中"01"文件并将其拖曳到"时间线"面板中的"视频 1"轨道中，如图 4-6 所示。将时间标签放置在 6s 的位置，将鼠标指针放在"01"文件的结束位置，当鼠标指针呈 ➡ 状时，向右拖曳指针到 6s 的位置上，如图 4-7 所示。

图 4-6

图 4-7

步骤　4　将时间标签放置在 1s 的位置，在"项目"面板中，选中"02"文件并将其拖曳到"时间线"面板中的"视频 2"轨道中，如图 4-8 所示。将时间标签放置在 4s 的位置，将鼠标指针放在"02"文件的结束位置，当鼠标指针呈 ⬅ 状时，向左拖曳指针到 4s 的位置上，如图 4-9 所示。

图 4-8 　　　　　　　　　　　　　图 4-9

2. 制作树叶动画 1

步骤 1　将时间标签放置在 1s 的位置，选择"特效控制台"面板，展开"运动"选项，将"位置"选项设置为 168 和 123，"缩放比例"选项设置为 40，分别单击"位置"和"缩放比例"选项左侧的"切换动画"按钮，如图 4-10 所示，记录第 1 个动画关键帧。

步骤 2　将时间标签放置在 2s 的位置，在"特效控制台"面板中，将"位置"选项设置为 80 和 323，如图 4-11 所示，记录第 2 个动画关键帧。

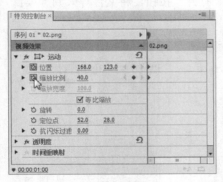
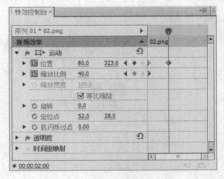

图 4-10 　　　　　　　　　　　　　图 4-11

步骤 3　将时间标签放置在 3s 的位置，在"特效控制台"面板中，将"位置"选项设置为 250 和 350，如图 4-12 所示，记录第 3 个动画关键帧。将时间标签放置在 4s 的位置，在"特效控制台"面板中，将"位置"选项设置为 200 和 600，如图 4-13 所示，记录第 4 个动画关键帧。

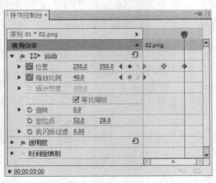

图 4-12 　　　　　　　　　　　　　图 4-13

步骤 4　选择"窗口 > 效果"命令，弹出"效果"面板，展开"视频特效"选项，单击"色彩校正"文件夹前面的三角形按钮 ▷ 将其展开，选中"色彩平衡"特效，如图 4-14 所示。将

"色彩平衡"特效拖曳到"时间线"面板"视频 2"轨道中的"02"文件上，如图 4-15 所示。

图 4-14   图 4-15

步骤 5 在"特效控制台"面板，展开"色彩平衡"特效并进行参数设置，如图 4-16 所示。在"节目"面板中预览效果，如图 4-17 所示。

图 4-16   图 4-17

3. 制作树叶动画 2

步骤 1 在"时间线"面板中，选择"视频 2"轨道中的"02"文件，按 Ctrl+C 组合键，将其复制。将时间标签放置在 2s 的位置，在"时间线"面板中同时锁定"视频 1"轨道和"视频 2"轨道，如图 4-18 所示。按 Ctrl+V 组合键，将复制的"02"文件粘贴到"视频 3"轨道中，如图 4-19 所示。

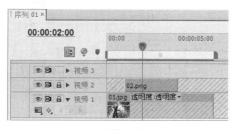

图 4-18   图 4-19

步骤 2 选中"视频 3"轨道中的"02"文件，在"特效控制台"面板中，展开"运动"选项，单击"缩放比例"选项左侧的"切换动画"按钮◎，取消关键帧，如图 4-20 所示。将"缩放比例"选项设置为 30，如图 4-21 所示。

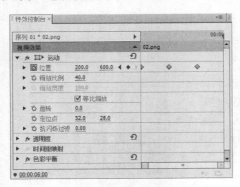

图 4-20

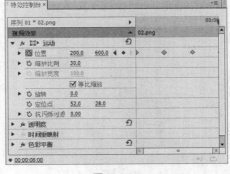

图 4-21

步骤 3 将时间标签放置在 2s 的位置，在"特效控制台"面板中，单击"旋转"选项左侧的"切换动画"按钮◎，如图 4-22 所示，记录第 1 个动画关键帧。将时间标签放置在 4s 的位置，在"特效控制台"面板中，将"旋转"选项设置为 183，如图 4-23 所示，记录第 2 个动画关键帧。

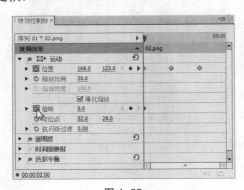

图 4-22

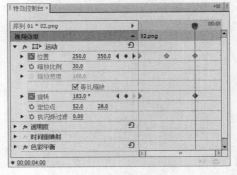

图 4-23

步骤 4 选中"视频 3"轨道中的"02"文件，按 Ctrl+C 组合键，将其复制。在"时间线"面板中锁定"视频 3"轨道，如图 4-24 所示。将时间标签放置在 3s 的位置，按 Ctrl+V 组合键，将复制的"02"文件粘贴到"视频 4"轨道中，如图 4-25 所示。

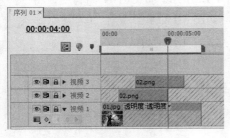

图 4-24

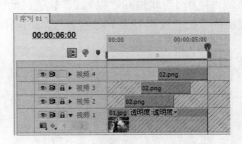

图 4-25

步骤 5 在"时间线"面板中锁定"视频 4"轨道，如图 4-26 所示。将时间标签放置在 4s 的位置，按 Ctrl+V 组合键，将复制的"02"文件粘贴到"视频 5"轨道中，如图 4-27 所示。

图 4-26 图 4-27

步骤 6 将时间标签放置在 6s 的位置，如图 4-28 所示。将鼠标指针放在"视频 5"轨道"02"文件的结束位置，当鼠标指针呈 状时，向左拖曳指针到 6s 的位置上，如图 4-29 所示。

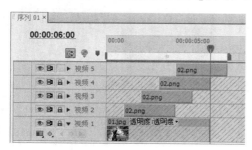
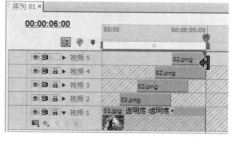

图 4-28 图 4-29

步骤 7 在"效果"面板，展开"视频特效"选项，单击"扭曲"文件夹前面的三角形按钮 ▷ 将其展开，选中"边角固定"特效，如图 4-30 所示。将"边角固定"特效拖曳到"时间线"面板"视频 5"轨道中的"02"文件上，如图 4-31 所示。

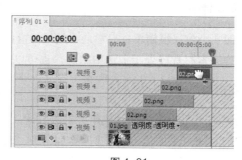

图 4-30 图 4-31

步骤 8 将时间标签放置在 4s 的位置，选择"特效控制台"面板，展开"边角固定"特效并进行参数设置，如图 4-32 所示。分别单击"左上""右上""左下"和"右下"选项左侧的"切换动画"按钮 ⊙，如图 4-33 所示，记录第 1 个动画关键帧。

步骤 9 将时间标签放置在 5s 的位置，在"特效控制台"面板中，将"左上"选项设置为-40和 12，"右上"选项设置为 121 和 8，"左下"选项设置为-50 和 53，"右下"选项设置为 54和 79，如图 4-34 所示，记录第 2 个动画关键帧。

步骤 10 飘落的树叶制作完成，如图 4-35 所示。

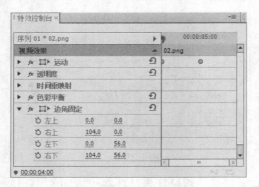

图 4-32　　　　　　　　　　　　　　　图 4-33

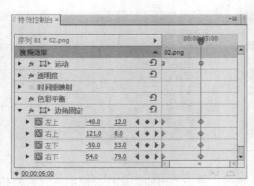

图 4-34

图 4-35

4.1.3　【相关知识】

1.　应用视频特效

为素材添加一个效果很简单，只需从"效果"窗口中拖曳一个特效到"时间线"面板中的素材片段上即可。如果素材片段处于被选中状态，也可以拖曳特效到该片段的"特效控制台"面板中。

2.　关于关键帧

若使效果随时间而改变，可以使用关键帧技术。当创建了一个关键帧后，就可以指定一个效果属性在确切的时间点上的值，当为多个关键帧赋予不同的值时，Premiere Pro CS6 会自动计算关键帧之间的值，这个处理过程称为"插补"。对于大多数标准效果，都可以在素材的整个时间长度中设置关键帧。对于固定效果，如位置和缩放，可以设置关键帧，使素材产生动画，也可以移动、复制或删除关键帧和改变插补的模式。

3.　激活关键帧

为了设置动画效果属性，必须激活属性的关键帧，任何支持关键帧的效果属性都包括"切换动画"按钮 ，单击该按钮可插入一个关键帧。插入关键帧（即激活关键帧）后，就可以添加和调整素材所需的属性，效果如图 4-36 所示。

图 4-36

4.1.4 【实战演练】——制作旋转特效

使用"位置"和"缩放比例"选项，编辑图像的位置与大小；使用"旋转"选项和关键帧，制作风车的转动效果。最终效果参看云盘中的"Ch04\转动的风车\转动的风车.prproj"，如图 4-37 所示。

图 4-37

4.2 制作脱色特效

4.2.1 【训练目标】

使用"亮度与对比度"命令，调整图像的亮度与对比度；使用"分色"命令，制作图像的脱色效果；使用"亮度曲线"命令，调整图像的亮度；使用"更改颜色"命令，改变图像中需要的颜色。最终效果参看云盘中的"Ch04\脱色特效\脱色特效.prproj"，如图 4-38 所示。

图 4-38

中等职业教育数字艺术类规划教材

4.2.2 【案例操作】

1. 新建项目与导入素材

步骤 1 启动 Premiere Pro CS6 软件，弹出"欢迎使用 Adobe Premiere Pro"欢迎界面，单击"新建项目"按钮，弹出"新建项目"对话框，设置"位置"选项，选择保存文件路径，在"名称"文本框中输入文件名"脱色特效"，如图 4-39 所示。单击"确定"按钮，弹出"新建序列"对话框，在左侧的列表中展开"DV-PAL"选项，选中"标准 48kHz"模式，如图 4-40 所示，单击"确定"按钮完成序列的创建。

图 4-39　　　　　　　　　　图 4-40

步骤 2 选择"文件 > 导入"命令，弹出"导入"对话框，选择云盘中的"Ch04\脱色特效\素材\01"文件，如图 4-41 所示，单击"打开"按钮，将文件导入到"项目"面板中，如图 4-42 所示。

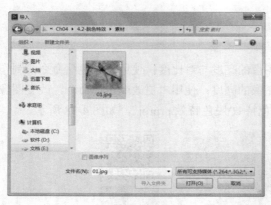

图 4-41　　　　　　　　　　图 4-42

步骤 3 在"项目"面板中，选中"01"文件并将其拖曳到"时间线"面板中的"视频 1"轨道中，如图 4-43 所示。在"节目"面板中预览效果，如图 4-44 所示。

图 4-43

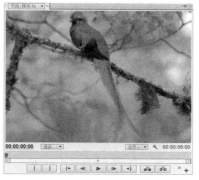

图 4-44

步骤 4 选择"窗口 > 效果"命令，弹出"效果"面板，展开"视频特效"分类选项，单击"色彩校正"文件夹前面的三角形按钮▶将其展开，选中"亮度与对比度"特效，如图 4-45 所示。将"亮度与对比度"特效拖曳到"时间线"面板"视频 1"轨道中的"01"文件上，如图 4-46 所示。

图 4-45

图 4-46

步骤 5 选择"特效控制台"面板，展开"亮度与对比度"特效并进行参数设置，如图 4-47 所示。在"节目"面板中预览效果，如图 4-48 所示。

图 4-47

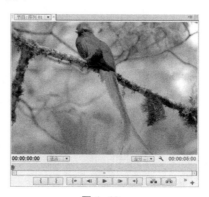

图 4-48

步骤 6 在"效果"面板，展开"视频特效"分类选项，单击"色彩校正"文件夹前面的三角形按钮▶将其展开，选中"分色"特效，如图 4-49 所示。将"分色"特效拖曳到"时间线"面板"视频 1"轨道中的"01"文件上，如图 4-50 所示。

图 4-49

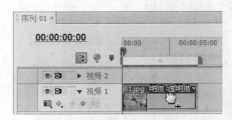

图 4-50

步骤 7 在"特效控制台"面板中，展开"分色"特效，在图像中鸟类身体上吸取要保留的颜色，其他参数设置如图 4-51 所示。在"节目"面板中预览效果，如图 4-52 所示。

图 4-51

图 4-52

步骤 8 在"效果"面板，展开"视频特效"分类选项，单击"色彩校正"文件夹前面的三角形按钮▶将其展开，选中"亮度曲线"特效，如图 4-53 所示。将"亮度曲线"特效拖曳到"时间线"面板"视频 1"轨道中的"01"文件上，如图 4-54 所示。

图 4-53

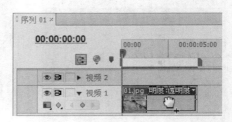

图 4-54

步骤 9 在"特效控制台"面板，展开"亮度曲线"特效并进行参数设置，如图 4-55 所示。在"节目"面板中预览效果，如图 4-56 所示。

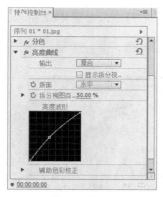

图 4-55

图 4-56

步骤 10 在"效果"面板，展开"视频特效"分类选项，单击"色彩校正"文件夹前面的三角形按钮 将其展开，选中"更改颜色"特效，如图 4-57 所示。将"更改颜色"特效拖曳到"时间线"面板"视频 1"轨道中的"01"文件上，如图 4-58 所示。

图 4-57

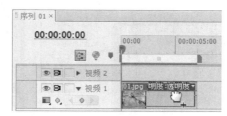

图 4-58

步骤 11 在"特效控制台"面板，展开"更改颜色"特效并进行参数设置，如图 4-59 所示。在"节目"面板中预览效果，如图 4-60 所示。

图 4-59

图 4-60

2. 输入文字

步骤 1 选择"文件 > 新建 > 字幕"命令，弹出"新建字幕"对话框，如图 4-61 所示，单击"确定"按钮，弹出字幕编辑面板。选择"垂直文字"工具 ，在字幕工作区中输入需要的文字，在"字幕属性"面板中选择需要的字体大小和行距，如图 4-62 所示。

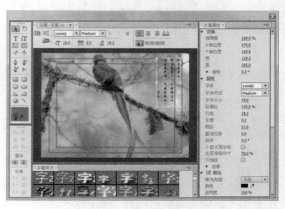

图 4-61

图 4-62

步骤 **2** 选中文字"独坐敬亭山"，如图 4-63 所示，在"字幕属性"面板中，将"字体大小"选项设置为 23，如图 4-64 所示。

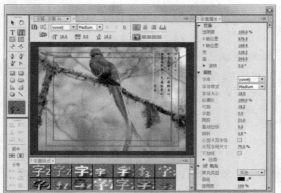

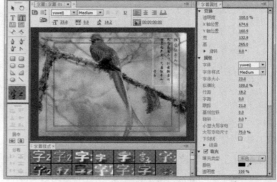

图 4-63

图 4-64

步骤 **3** 选中文字"李白"，如图 4-65 所示，在"字幕属性"面板中，将"字体大小"选项设置为 23，如图 4-66 所示。关闭字幕编辑面板，新建的字幕文件自动保存到"项目"面板中。

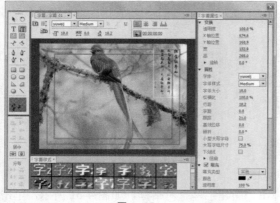

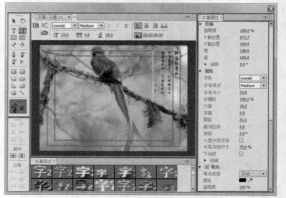

图 4-65

图 4-66

步骤 4　在"项目"面板中，选中"字幕 01"文件并将其拖曳到"时间线"面板中的"视频 2"轨道中，如图 4-67 所示。脱色特效制作完成，如图 4-68 所示。

图 4-67　　　　　　　　　　　　　　图 4-68

4.2.3　【相关知识】

1. 模糊与锐化视频特效

该视频特效主要针对镜头画面进行锐化或模糊处理，共包含 10 种特效。

◎ **混合模糊**

该特效主要通过模拟摄像机快速变焦和旋转镜头来产生具有视觉冲击力的模糊效果。应用该特效后，其参数面板如图 4-69 所示。

"模糊图层"选项：单击按钮 视频 1 ▼ ，在弹出的列表中选择要模糊的视频轨道，如图 4-70 所示。

图 4-69　　　　　　　　图 4-70

"最大模糊"选项：对模糊的数值进行调节。

"伸展图层以适配"选项：勾选此复选框可以对使用模糊效果的影片画面进行拉伸处理。

"反相模糊"选项：用于对当前设置的效果反转，即模糊反转。

应用"混合模糊"特效前、后的效果如图 4-71 和图 4-72 所示。

图 4-71   图 4-72

◎ **方向模糊**

该特效可以在图像中产生一个方向性的模糊效果，使素材产生一种幻觉运动特效。应用该特效后，其参数面板如图 4-73 所示。

"方向"选项：用于设置模糊方向。

"模糊长度"选项：用于设置图像虚化的程度，拖曳滑块调整数值，其数值范围在 0~20 之间。当需要用到高于 20 的数值时，可以单击选项右侧带下划线的数值，将参数文本框激活，然后输入需要的数值。

应用"方向模糊"特效前、后的效果如图 4-74 和图 4-75 所示。

图 4-73   图 4-74   图 4-75

◎ **快速模糊**

该特效可以指定画面模糊程度，同时可以指定水平、垂直或两个方向的模糊程度，该特效在模糊图像时比使用"高斯模糊"处理速度快。应用该特效后，其参数面板如图 4-76 所示。

"模糊量"选项：用于调节控制影片的模糊程度。

"模糊量"选项：控制图像的模糊方式，包括水平与垂直、水平、垂直 3 种方式。

应用"快速模糊"特效前、后的效果如图 4-77 和图 4-78 所示。

图 4-76   图 4-77   图 4-78

◎ 摄像机模糊

该特效可以产生图像离开摄像机焦点范围时所产生的"虚焦"效果。应用该特效后，其参数面板如图 4-79 所示。

可以调整面板中的参数对该特效进行设置，直到满意为止。在面板中单击"设置"按钮，弹出"摄像机模糊设置"对话框，设置如图 4-80 所示，单击"确定"按钮。

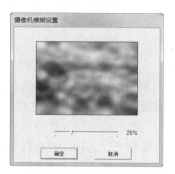

图 4-79　　　　　　　　　　　　　图 4-80

应用"摄像机模糊"特效前、后的图像效果如图 4-81 和图 4-82 所示。

图 4-81　　　　　　　　　　　　　图 4-82

◎ 残像

该特效可以使影片中运动物体后面跟着一串阴影一起移动，效果如图 4-83 和图 4-84 所示。

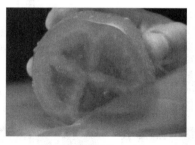
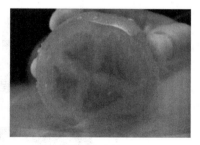

图 4-83　　　　　　　　　　　　　图 4-84

◎ 消除锯齿

该特效通过平均化图像对比度区域的颜色值来平均整个图像，使图像的高亮区和低亮区渐变柔和，应用该特效后，面板不会产生任何参数设置，只对图像进行默认柔化。应用"消除锯齿"特效前、后的图像效果如图 4-85 和图 4-86 所示。

图 4-85

图 4-86

◎ 通道模糊

该特效可以对素材的红、绿、蓝和 Alpha 通道分别进行模糊，还可以指定模糊的方向是水平、垂直或双向。使用这个特效可以创建辉光效果，或控制一个图层的边缘附近变得不透明。

在"特效控制台"面板中可以设置特效的参数，如图 4-87 所示。

"红色\绿色\蓝色模糊度"选项：设置红色\绿色\蓝色通道的模糊程度。

"Alpha 模糊度"选项：设置 Alpha 通道的模糊程度。

"边缘特性"选项：勾选"重复边缘像素"复选框，可以使图像的边缘更加透明化。

"模糊方向"选项：控制图像的模糊方式，包括水平和垂直、水平、垂直 3 种方式。

应用"通道模糊"特效前、后的效果如图 4-88 和图 4-89 所示。

图 4-87

图 4-88

图 4-89

◎ 锐化

该特效通过增加相邻像素间的对比度使图像清晰化。应用该特效后，其参数面板如图 4-90 所示。

"锐化数量"选项：用于调整画面的锐化程度。

应用"锐化"特效前、后的效果如图 4-91 和图 4-92 所示。

图 4-90

图 4-91

图 4-92

◎ **非锐化遮罩**

该特效可以调整图像的色彩锐化程度。应用该特效后，其参数面板如图 4-93 所示。

"数量"选项：设置颜色边缘差别值大小。

"半径"选项：设置颜色边缘产生差别的范围。

"阈值"选项：设置颜色边缘之间允许的差别范围，值越小效果越明显。

应用"非锐化遮罩"特效前、后的效果如图 4-94 和图 4-95 所示。

图 4-93　　　　　　　　　图 4-94　　　　　　　　　图 4-95

◎ **高斯模糊**

该特效可以大幅度地模糊图像，使其产生虚化的效果。应用该特效后，其参数面板如图 4-96 所示。

"模糊度"选项：用于调节影片的模糊程度。

"模糊方向"选项：控制图像的模糊方式，包括水平和垂直、水平、垂直 3 种方式。

应用"高斯模糊"特效前、后的效果如图 4-97 和图 4-98 所示。

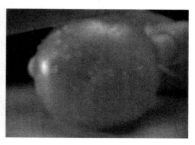

图 4-96　　　　　　　　　图 4-97　　　　　　　　　图 4-98

2. 通道视频特效

该视频特效可以对素材的通道进行处理，实现图像颜色、色调、饱和度、亮度等颜色属性的改变，共包含 7 种特效。

◎ **反转**

该特效将图像的颜色进行反色显示，使处理后的图像看起来像照片的底片，效果如图 4-99 和图 4-100 所示。

图 4-99

图 4-100

◎ 固态合成

该特效可以将一种颜色填充合成图像，放置在原始素材的后面。应用该特效后，其参数面板如图 4-101 所示。

"源透明度"选项：用于指定素材层的不透明度。

"颜色"选项：用于设置填充图像的颜色。

"透明度"选项：控制填充图像的不透明度。

"混合模式"选项：设置素材层和填充图像以何种方式混合。

应用"固态合成"特效的效果如图 4-102、图 4-103 和图 4-104所示。

图 4-101

图 4-102

图 4-103

图 4-104

◎ 复合算法

该特效与"混合"特效类似，都是将两个重叠素材的颜色相互组合在一起。应用该特效后，其参数面板如图 4-105 所示。

"二级源图层"选项：用于在当前操作中指定原始的图层。

"操作符"选项：选择两个素材混合模式。

"在通道上操作"选项：选择混合素材进行操作的通道。

"溢出特性"选项：选择两个素材混合后颜色允许的范围。

"伸展二级源以适配"选项：当素材与混合素材大小相同时，不勾选该复选框，混合素材与原素材将无法对齐重合。

"与原始图像混合"选项：设置混合素材的透明值。

应用"复合算法"特效前、后的效果如图 4-106、图 4-107 和图 4-108所示。

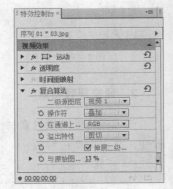

图 4-105

图 4-106　　　　　　　　　图 4-107　　　　　　　　　图 4-108

◎ 混合

该特效是将两个通道中的图像按指定方式进行混合，从而达到改变图像色彩的效果。应用该特效后，其参数面板如图 4-109 所示。

"与图层混合"选项：选择重叠对象所在的视频轨道。

"模式"选项：选择两个素材混合的部分。

"与原始图像混合"选项：设置所选素材与原素材混合值，值越小效果越明显。

"如果图层大小不同"选项：图层的尺寸不同时，该选项用于对图层的对齐方式进行设置。

应用"混合"特效前、后的效果如图 4-110、图 4-111 和图 4-112所示。

图 4-109

图 4-110　　　　　　　　　图 4-111　　　　　　　　　图 4-112

◎ 算法

该特效提供了各种用于图像通道的简单数学运算。应用该特效后，其参数面板如图 4-113 所示。

"操作符"选项：用于选择一种计算机的颜色。

"红色值"选项：设置图片要进行计算的红色值。

"绿色值"选项：设置图片要进行计算的绿色值。

"蓝色值"选项：设置图片要进行计算的蓝色值。

"剪切结果值"选项：裁剪计算得出的数值，创造有效的范围彩色数值。如果不勾选该复选框，一些彩色值可能计算时会超出彩色数值范围。

应用"算法"特效前、后的效果如图 4-114 和图 4-115 所示。

图 4-113

图 4-114

图 4-115

◎ 设置遮罩

该特效以当前层的 Alpha 通道取代指定层的 Alpha 通道，使之产生运动屏蔽的效果。应用该特效后，其参数面板如图 4-116 所示。

"从图层获取遮罩"选项：用于指定作为蒙版的图层。

"用于遮罩"选项：将指定的蒙版层用于效果处理的通道。

"反相遮罩"选项：反转蒙版层的透明度。

"伸展遮罩以适配"选项：用于放大或缩小屏蔽层的尺寸，使之与当前层适配。

"将遮罩与原始图像合成"选项：使当前层合成新的蒙版，而不是替换原始素材层。

图 4-116

"预先进行遮罩图层正片叠底"选项：勾选该复选框，软化蒙版层素材的边缘。

应用"设置遮罩"特效前、后的效果如图 4-117、图 4-118 和图 4-119 所示。

图 4-117

图 4-118

图 4-119

◎ 计算

该特效通过通道混合进行颜色调整。应用该特效后，其参数面板如图 4-120 所示。

"输入"选项：设置原素材显示。

"输入通道"选项：选择需要显示的通道，其中各选项如下。

① "RGBA"选项：正常输入所有通道。

② "灰色"选项：呈灰色显示原来的 RGBA 图像的亮度。

③ "红色""绿色""蓝色""Alpha"通道：选择对应的通道，显示对应通道。

"反相输入"选项：将"输入通道"中选择的通道反向显示。

"二级源"选项：设置与原素材混合的素材。

"二级图层"选项：选择与原素材混合的素材所在的视频轨道。

"二级图层通道"选项：选择与原素材混合显示的通道。其下方选项的作用与"输入"设置框中的"输入通道"相同。

"二级图层透明度"选项：设置与原素材混合的素材透明度值。

"反相二级图层"选项：与"反相输入"作用相同，但这里指的是与原素材混合的素材。

"伸展二级图层以适配"选项：当混合素材小于原素材，勾选该复选框将在显示最终效果时放大混合素材。

"混合模式"选项：用于设置原素材与第二信号源的多种混合模式。

"保留透明度"选项：确保被影响素材的透明度不被修改。

应用"计算"特效前、后的效果如图 4-121、图 4-122 和图 4-123 所示。

图 4-120

图 4-121

图 4-122

图 4-123

3. 色彩校正视频特效

该视频特效主要用于对视频素材进行颜色校正，共包括 17 种特效。

◎ RGB 色彩校正

该特效可以通过修改 RGB 三个通道中的参数，实现图像色彩的改变。应用"RGB 色彩校正"特效前后的效果如图 4-124 和图 4-125 所示。

图 4-124

图 4-125

◎ RGB 曲线

该特效通过曲线调整红色、绿色和蓝色通道中的数值，达到改变图像色彩的目的。应用"RGB 曲线"特效前后的效果如图 4-126 和图 4-127 所示。

图 4-126

图 4-127

◎ 三路色彩校正

该特效通过旋转 3 个色盘来调整颜色的平衡。应用"三路色彩校正"特效前后的效果如图 4-128 和图 4-129 所示。

图 4-128

图 4-129

◎ 亮度与对比度

该特效用于调整素材的亮度和对比度，并同时调节所有素材的亮部、暗部和中间色。应用该特效后，其参数面板如图 4-130 所示。

"亮度"选项：调整素材画面的亮度。

"对比度"选项：调整素材画面的对比度。

应用"亮度与对比度"特效前、后的效果如图 4-131 和图 4-132 所示。

图 4-130

图 4-131

图 4-132

◎ 亮度曲线

该特效通过亮度曲线图实现对图像亮度的调整。应用"亮度曲线"特效前、后的效果如图 4-133 和图 4-134 所示。

图 4-133

图 4-134

◎ **亮度校正**

该特效通过调整图像亮度校正颜色。应用该特效后，其参数面板如图 4-135 所示。

"输出"选项：设置输出的选项，包括"复合""Luma""蒙版"和"色调范围"，如果勾选"显示拆分视图"复选框，可以对图像进行分屏预览。

"版面"选项：设置分屏预览的布局，分为水平和垂直两个选项。

"拆分视图百分比"选项：用于对分屏比例进行设置。

"色调范围定义"选项：用于选择调整的区域，在"色调范围"下拉列表中包含了"主""高光""中间调"和"阴影"4 个选项。

"亮度"选项：设置图像的亮度。

"对比度"选项：用于改变图像的对比度。

"对比度等级"选项：用于设置对比度的级别。

"辅助色彩校正"选项：用于设置二级色彩修正。

应用"亮度校正"特效前、后的效果如图 4-136 和图 4-137 所示。

图 4-135

图 4-136

图 4-137

◎ **广播级颜色**

该特效可以校正广播级的颜色和亮度，使影视作品在电视机中精确地播放。应用该特效后，其参数面板如图 4-138 所示。

"广播区域"选项：用于设置 PAL 和 NTSC 两种电视制式。

"如何确保颜色安全"选项：设置实现安全色的方法。

"最大信号波幅（IRE）"选项：限制最大的信号幅度。

应用"广播级颜色"特效前、后的效果如图 4-139 和图 4-140 所示。

图 4-138   图 4-139   图 4-140

◎ 快速色彩校正

该特效能够快速地进行图像颜色修正。应用该特效后，其参数面板如图 4-141 所示。

"输出"选项：设置输出的选项，包括"复合""Luam"和"蒙版"，如果勾选"显示拆分视图"复选框，可以对图像进行分屏预览。

"版面"选项：设置分屏预览的布局，包括"水平"和"垂直"两个选项。

"拆分视图百分比"选项：用于对分屏比例进行设置。

"白平衡"选项：用于设置白色平衡，数值越大，画面中的白色越多。

"色相平衡和角度"选项：用于调整色调平衡和角度，可以直接使用色盘改变画面中的色调。

"平衡数量级"选项：设置平衡的数量。

"平衡增益"选项：增加白色平衡。

"平衡角度"选项：设置白色平衡的角度。

"饱和度"选项：用于设置画面颜色的饱和度。

自动黑色阶：单击该按钮，将自动进行黑色级别调整。

自动对比度：单击该按钮，将自动进行对比度调整。

自动白色阶：单击该按钮，将自动进行白色级别调整。

"黑色阶"选项：用于设置黑色级别的颜色。

"灰色阶"选项：用于设置灰色级别的颜色。

"白色阶"选项：用于设置白色级别的颜色。

"输入电平"选项：对输入的颜色进行级别调整，拖曳该选项颜色条下的 3 个滑块，将对"输入黑色阶""输入灰色阶"和"输入白色阶"3 个参数产生影响。

"输出电平"选项：对输出的颜色进行级别调整，拖曳该选项颜色条下的两个滑块，将对"输出黑色阶"和"输出白色阶"两个参数产生影响。

"输入黑色阶"选项：用于调节黑色输入时的级别。

"输入灰色阶"选项：用于调节灰色输入时的级别。

"输入白色阶"选项：用于调节白色输入时的级别。

"输出黑色阶"选项：用于调节黑色输出时的级别。

"输出白色阶"选项：用于调节白色输出时的级别。

应用"快速色彩校正"特效前、后的效果如图 4-142 和图 4-143 所示。

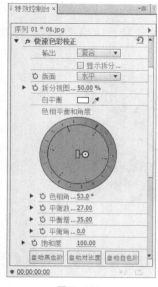

图 4-141

图 4-142

图 4-143

◎ **更改颜色**

该特效用于改变图像中某种颜色区域的色调。应用该特效后，其参数面板如图 4-144 所示。

"视图"选项：用于设置在合成图像中观看的效果，包含了两个选项，分别为"校正的图层"和"色彩校正蒙版"。

"色相变换"选项：调整色相，以"度"为单位改变所选区域的颜色。

"明度变换"选项：设置所选颜色的明暗度。

"饱和度变换"选项：设置所选颜色的饱和度。

"要更改的颜色"选项：设置图像中要改变颜色的区域。

"匹配宽容度"选项：设置颜色匹配的相似程度。

"匹配柔和度"选项：设置颜色的柔和度。

"匹配颜色"选项：设置颜色空间，包括"使用 RGB""使用色相"和"使用色度"3 个选项。

"反相色彩校正蒙版"选项：勾选此复选框，可以将颜色进行反向校正。

应用"更改颜色"特效前、后的效果如图 4-145 和图 4-146 所示。

图 4-144

图 4-145

图 4-146

◎ 染色

该特效用于调整图像中包含的颜色信息，在最亮和最暗之间确定融合度。应用"染色"特效前、后的效果如图 4-147 和图 4-148 所示。

图 4-147　　　　　　　　　　　　图 4-148

◎ 色彩均化

该特效可以修改图像的像素值并将其颜色值进行平均化处理。应用该特效后，其参数面板如图 4-149 所示。

"色调均化"选项：用于设置平均化的方式，包括"RGB""亮度"和"Photoshop 样式"3个选项。

"色调均化量"选项：用于设置重新分布亮度值的程度。

应用"色彩均化"特效前、后的效果如图 4-150 和图 4-151 所示。

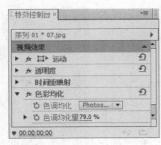

图 4-149　　　　　　　图 4-150　　　　　　　图 4-151

◎ 色彩平衡

该特效可以按照 RGB 颜色调节影片的颜色，以达到校色的目的。应用"色彩平衡"特效前、后的效果如图 4-152 和图 4-153 所示。

图 4-152　　　　　　　　　　　　图 4-153

◎ 色彩平衡（HLS）

该特效通过对图像色相、亮度和饱和度的精确调整，实现对图像颜色的改变。应用该特效后，

其参数面板如图 4-154 所示。

"色相"选项：可以改变图像的色相。

"明度"选项：设置图像的亮度。

"饱和度"选项：设置图像的饱和度。

应用"色彩平衡（HLS）"特效前、后的效果如图 4-155 和图 4-156 所示。

图 4-154   图 4-155   图 4-156

◎ **视频限幅器**

该特效利用视频限制器对图像的颜色进行调整。应用"视频限幅器"特效前、后的效果如图 4-157 和图 4-158 所示。

图 4-157   图 4-158

◎ **转换颜色**

该特效可以在图像中选择一种颜色并将其转换为另一种颜色的色调、明度和饱和度。应用该特效后，其参数面板如图 4-159 所示。

"从"选项：设置当前图像中需要转换的颜色，可以利用其右侧的"吸管"工具 在"节目"预览窗口中提取颜色。

"到"选项：设置转换后的颜色。

"更改"选项：设置在 HLS 颜色模式下产生影响的通道。

"更改依据"选项：设置颜色转换方式，包括"颜色设置"和"颜色变换"两个选项。

"宽容度"选项：设置色相、明度和饱和度的值。

"柔和度"选项：通过百分比的值控制柔和度。

"查看校正杂边"选项：通过遮罩控制发生改变的部分。

应用"转换颜色"特效前、后的效果如图 4-160 和图 4-161 所示。

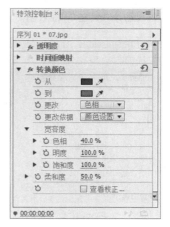

图 4-159

图 4-160   图 4-161

◎ 通道混合

　　该特效用于调整通道之间的颜色值，实现图像颜色的调整。通过选择每一个颜色通道的百分比组成可以创建高质量的灰度图像，还可以创建高质量的棕色或其他色调的图像，而且可以对通道进行交换和复制。应用"通道混合"特效前、后的效果如图 4-162 和图 4-163 所示。

图 4-162   图 4-163

◎ 分色

　　该特效可以准确指定或者删除图层中的颜色。应用该特效后，其参数面板如图 4-164 所示。

　　"脱色量"选项：设置指定层中需要删除的颜色数量。

　　"要保留的颜色"选项：设置图像中需分离的颜色。

　　"宽容度"选项：用于设置颜色的容差度。

　　"边缘柔和度"选项：用于设置颜色分界线的柔化程度。

　　"匹配颜色"选项：设置颜色的对应模式。

　　应用"分色"特效前、后的效果如图 4-165 和图 4-166 所示。

图 4-164   图 4-165   图 4-166

4.2.4 【实战演练】——制作下雪效果

使用"导入"命令，导入素材文件；使用"椭圆形"工具，绘制圆形；使用"高斯模糊"特效，制作圆形边缘模糊效果；使用"滚动/游动选项"按钮，制作下雪效果。最终效果参看云盘中的"Ch04\冬日雪景\冬日雪景.prproj"，如图 4-167 所示。

图 4-167

4.3　制作短片特效

4.3.1 【训练目标】

使用"导入"命令，导入视频文件；使用"彩色浮雕"特效，制作视频浮雕效果；使用"百叶窗"特效，制作视频过渡效果；使用"放大"特效，制作视频放大效果；使用"基本 3D"特效，制作文字旋转效果；使用"时间码"特效，插入时间码。最终效果参看云盘中的"Ch04\短片特效\短片特效.prproj"，如图 4-168 所示。

图 4-168

4.3.2 【案例操作】

1. 新建项目与导入素材

步骤 1　启动 Premiere Pro CS6 软件，弹出"欢迎使用 Adobe Premiere Pro"欢迎界面，单击"新建项目"按钮 ，弹出"新建项目"对话框，设置"位置"选项，选择保存文件路径，在"名称"文本框中输入文件名"短片特效"，如图 4-169 所示。单击"确定"按钮，弹出

"新建序列"对话框，在左侧的列表中展开"DV-PAL"选项，选中"标准 48kHz"模式，如图 4-170 所示，单击"确定"按钮完成序列的创建。

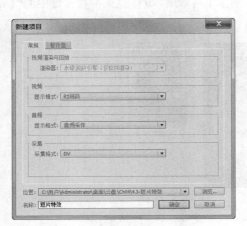

图 4-169

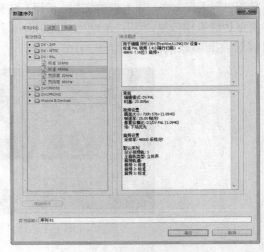

图 4-170

步骤 2 选择"文件 > 导入"命令，弹出"导入"对话框，选择云盘中的"Ch04\短片特效\素材\01"文件，如图 4-171 所示，单击"打开"按钮，将视频文件导入到"项目"面板中，如图 4-172 所示。

图 4-171

图 4-172

步骤 3 在"项目"面板中，选中"01"文件并将其拖曳到"时间线"面板中的"视频 1"轨道中，弹出"素材不匹配警告"对话框，如图 4-173 所示，单击"保持现有设置"按钮，将"01"文件放置在"视频 1"轨道中，如图 4-174 所示。

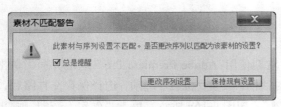

图 4-173

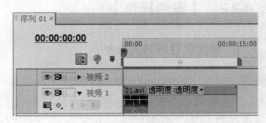

图 4-174

2. 添加特效

步骤 1　选择"窗口 > 效果"命令，弹出"效果"面板，展开"视频特效"分类选项，单击"视频"文件夹前面的三角形按钮 ▶ 将其展开，选中"时间码"特效，如图 4-175 所示。将"时间码"特效拖曳到"时间线"面板"视频 1"轨道中的"01"文件上，如图 4-176 所示。

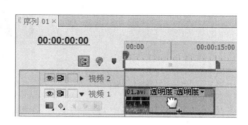

图 4-175　　　　　　　　　　　　　　　　图 4-176

步骤 2　选择"特效控制台"面板，展开"时间码"特效并进行参数设置，如图 4-177 所示。在"节目"面板中预览效果，如图 4-178 所示。

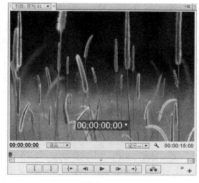

图 4-177　　　　　　　　　　　　　　　　图 4-178

步骤 3　在"效果"面板，展开"视频特效"分类选项，单击"风格化"文件夹前面的三角形按钮 ▶ 将其展开，选中"彩色浮雕"特效，如图 4-179 所示。将"彩色浮雕"特效拖曳到"时间线"面板"视频 1"轨道中的"01"文件上，如图 4-180 所示。

图 4-179　　　　　　　　　　　　　　　　图 4-180

步骤 4　在"特效控制台"面板，展开"彩色浮雕"特效并进行参数设置，如图 4-181 所示。在

"节目"面板中预览效果，如图 4-182 所示。

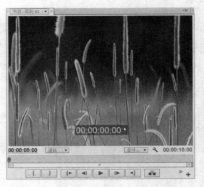

图 4-181   图 4-182

步骤 5 在"效果"面板，展开"视频特效"分类选项，单击"过渡"文件夹前面的三角形按钮 ▶ 将其展开，选中"百叶窗"特效，如图 4-183 所示。将"百叶窗"特效拖曳到"时间线"面板"视频 1"轨道中的"01"文件上，如图 4-184 所示。

图 4-183   图 4-184

步骤 6 在"特效控制台"面板，展开"百叶窗"特效，将"过渡完成"选项设置为 100，单击"过渡完成"选项左侧的"切换动画"按钮 ⏱，如图 4-185 所示，记录第 1 个动画关键帧。将时间标签放置在 1:07s 的位置，在"特效控制台"面板中，将"过渡完成"选项设置为 0，如图 4-186 所示，记录第 2 个动画关键帧。

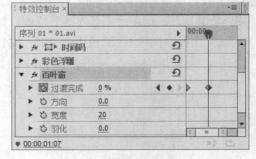

图 4-185   图 4-186

步骤 7 在"效果"面板，展开"视频特效"分类选项，单击"扭曲"文件夹前面的三角形按钮 ▶ 将其展开，选中"放大"特效，如图 4-187 所示。将"放大"特效拖曳到"时间线"面板"视频 1"轨道中的"01"文件上，如图 4-188 所示。

图 4-187　　　　　　　　　图 4-188

步骤 8 在"特效控制台"面板，展开"放大"特效并进行参数设置，如图 4-189 所示。在"节目"面板中预览效果，如图 4-190 所示。

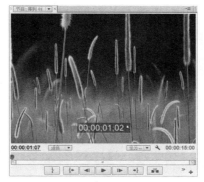

图 4-189　　　　　　　　　图 4-190

步骤 9 将时间标签放置在 8:08s 的位置，在"特效控制台"面板中，单击"居中"选项左侧的"切换动画"按钮 ，如图 4-191 所示，记录第 1 个动画关键帧。将时间标签放置在 11:11s 的位置，在"特效控制台"面板中，将"居中"选项设置为 789 和 288，如图 4-192 所示，记录第 2 个动画关键帧。

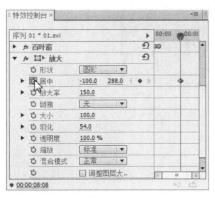
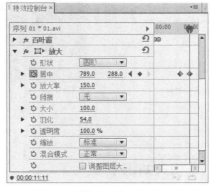

图 4-191　　　　　　　　　图 4-192

步骤 10 在"效果"面板，展开"视频特效"分类选项，单击"透视"文件夹前面的三角形按钮 将其展开，选中"基本 3D"特效，如图 4-193 所示。将"基本 3D"特效拖曳到"时间线"面板"视频 1"轨道中的"01"文件上，如图 4-194 所示。

图 4-193

图 4-194

步骤 11 将时间标签放置在 3:24s 的位置，在"特效控制台"面板，展开"基本 3D"特效，单击"旋转"选项左侧的"切换动画"按钮 ⊙，如图 4-195 所示，记录第 1 个动画关键帧。将时间标签放置在 6:02s 的位置，在"特效控制台"面板中，将"旋转"选项设置为 360，如图 4-196 所示，记录第 2 个动画关键帧。

图 4-195

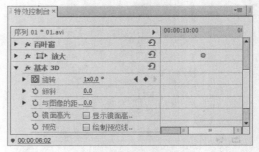

图 4-196

步骤 12 短片特效制作完成，如图 4-197 所示。

图 4-197

4.3.3 【相关知识】

1. 扭曲视频特效

该视频特效主要通过对图像进行几何扭曲变形来制作出各种画面变形效果，共包含 11 种特效。

◎ 偏移

该特效可以根据设置的偏移量对图像进行位移。应用该特效后，其参数面板如图 4-198 所示。

"将中心转换为"选项：设置偏移的中心点坐标值。

"与原始图像混合"选项：设置偏移的程度，数值越大效果越明显。

应用"位移"特效前、后的效果如图 4-199 和图 4-200 所示。

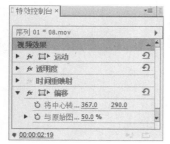

图 4-198

图 4-199

图 4-200

◎ 变换

该特效用于对图像的位置、尺寸、透明度及倾斜度等进行综合设置。应用该特效后，其参数面板如图 4-201 所示。

"定位点"选项：用于设置定位点的坐标位置。

"位置"选项：用于设置素材在屏幕中的位置。

"统一缩放"选项：勾选此复选框，"缩放宽度"将变为不可用，"缩放高度"则变为参数选项，设置比例参数选项时将只能成比例地缩放素材。

"缩放高度/缩放宽度"选项：用于设置素材的高度/宽度。

"倾斜"选项：用于设置素材的倾斜度。

"倾斜轴"选项：用于设置素材倾斜轴的角度。

"旋转"选项：用于设置素材放置的角度。

"透明度"选项：用于设置素材的透明度。

"快门角度"选项：用于设置素材的遮挡角度。

应用"变换"特效前、后的效果如图 4-202 和图 4-203 所示。

图 4-201

图 4-202

图 4-203

◎ 弯曲

该特效可以制作出类似水面上的波纹效果。应用该特效后，参数面板如图 4-204 所示。

"水平强度"选项：调整水平方向素材弯曲的程度。

"水平速率"选项：调整水平方向素材弯曲的比例。

"水平宽度"选项：调整水平方向素材弯曲的宽度。

"垂直强度"选项：调整垂直方向素材弯曲的程度。

"垂直速率"选项：调整垂直方向素材弯曲的比例。

"垂直宽度"选项：调整垂直方向素材弯曲的宽度。

应用"弯曲"特效前、后的效果如图 4-205 和图 4-206 所示。

图 4-204

图 4-205

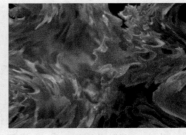
图 4-206

◎ 旋转扭曲

该特效可以使图像产生沿中心轴旋转的效果。应用该特效后，其参数面板如图 4-207 所示。

"角度"选项：用于设置漩涡的旋转角度。

"旋转扭曲半径"选项：用于设置产生漩涡的半径。

"旋转扭曲中心"选项：用于设置产生漩涡的中心点位置。

应用"旋转扭曲"特效前、后的效果如图 4-208 和图 4-209 所示。

图 4-207

图 4-208

图 4-209

◎ 放大

该特效可以将素材的某一部分放大，并调整放大区域的透明度，羽化放大区域边缘。应用该特效后，其参数面板如图 4-210 所示。

"形状"选项：设置放大区域的形状。

"居中"选项：设置放大区域的中心点坐标值。

"放大率"选项：设置放大区域的放大倍数。

"链接"选项：选择放大区域的模式。

"大小"选项：设置放大区域的尺寸。

"羽化"选项：设置放大区域的羽化值。

"透明度"选项：设置放大部分的透明度。

"缩放"选项：设置缩放的方式。

"混合模式"选项：设置放大部分与原图颜色的混合模式。

"调整图层大小"选项：只有在"链接"选项中选择了"无"选项，才能勾选该复选框。

应用"放大"特效前、后的效果如图 4-211 和图 4-212 所示。

图 4-210

图 4-211

图 4-212

◎ 波形弯曲

该特效类似于波纹效果，可以对波纹的形状、方向及宽度等进行设置。应用该特效后，其参数面板如图 4-213 所示。

"波形类型"选项：用于选择波形的类型模式。

"波形高度/波形宽度"选项：用于设置波形的高度（即振幅）/宽度（即波长）。

"方向"选项：用于设置波形旋转的角度。

"波形速度"选项：用于设置波形的运动速度。

"固定"选项：用于设置波形运动的障碍位置。

"相位"选项：用于设置波形的角度。

图 4-213

"消除锯齿（最佳品质）"选项：选择波形特效的质量。

应用"波形弯曲"特效前、后的效果如图 4-214 和图 4-215 所示。

图 4-214

图 4-215

◎ 球面化

该特效可以在素材中制作出球形画面效果。应用该特效后，其参数面板如图 4-216 所示。

"半径"选项：用于设置球形的半径值。

"球面中心"选项：用于设置产生球面效果的中心点位置。

应用"球面化"特效前、后的效果如图 4-217 和图 4-218 所示。

图 4-216

图 4-217

图 4-218

◎ 紊乱置换

该特效可以使素材产生类似于流水、旗帜飘动和哈哈镜等的扭曲效果。应用"紊乱置换"特效前、后的效果如图 4-219 和图 4-220 所示。

图 4-219

图 4-220

◎ 边角固定

该特效可以使图像的 4 个顶点发生变化，达到变形效果。应用该特效后，其参数面板如图 4-221 所示。

"左上"选项：调整素材左上角的位置。

"右上"选项：调整素材右上角的位置。

"左下"选项：调整素材左下角的位置。

"右下"选项：调整素材右下角的位置。

 提 示 除了在"特效控制台"面板中调整参数值，还有一种比较直观、方便的操作方法。单击"边角固定"按钮，这时在"节目"监视器窗口中图片的 4 个角上将出现 4 个控制柄，调整控制柄的位置就可以改变图片的形状。

应用"边角固定"特效的效果如图 4-222 和图 4-223 所示。

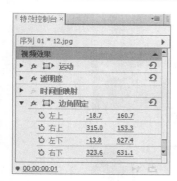

图 4-221

图 4-222

图 4-223

◎ 镜像

该特效可以将图像沿一条直线分割为两部分，制作出镜像效果。应用该特效后，其参数面板如图 4-224 所示。

"反射中心"选项：用于设置镜像效果的中心点坐标值。

"反射角度"选项：用于设置镜像效果的角度。

应用"镜像"特效前、后的效果如图 4-225 和图 4-226 所示。

图 4-224

图 4-225

图 4-226

◎ 镜头扭曲

该特效是模拟一种从变形透镜观看素材的效果。应用该特效后，其参数面板如图 4-227 所示。

"弯度"选项：设置素材弯曲程度。数值为 0 以上时将缩小素材，数值为 0 以下时将放大素材。

"垂直偏移"选项：设置弯曲中心点垂直方向上的位置。

"水平偏移"选项：设置弯曲中心点水平方向上的位置。

"垂直棱镜效果"选项：设置素材上、下两边棱角的弧度。

"水平棱镜效果"选项：设置素材左、右两边棱角的弧度。

提 示 单击"设置"按钮 ，弹出"镜头扭曲设置"对话框，在对话框中可以更直观地设置效果，如图 4-228 所示。

应用"镜头扭曲"特效的效果如图 4-229 和图 4-230 所示。

图 4-227

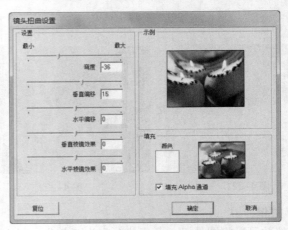

图 4-228

图 4-229

图 4-230

2. 杂波与颗粒视频特效

该视频特效主要用于去除素材画面中的擦痕及噪点，共包含 6 种特效。

◎ 中值

该特效用于将图像的每一个像素都用它周围像素的 RGB 平均值来代替，从而达到平均整个画面的色值，得到艺术效果的目的。应用"中值"特效前、后的效果如图 4-231 和图 4-232 所示。

图 4-231

图 4-232

◎ 杂波

该特效将在画面中添加模拟的噪点效果。应用"杂波"特效前、后的效果如图 4-233 和图 4-234 所示。

图 4-233　　　　　　　　　　　图 4-234

◎ **杂波 Alpha**

该特效可以在一个素材的通道中添加统一或方形的噪波。应用"杂波 Alpha"特效前、后的效果如图 4-235 和图 4-236 所示。

图 4-235　　　　　　　　　　　图 4-236

◎ **杂波 HLS**

该特效可以根据素材的色相、亮度和饱和度添加不规则的噪点。应用该特效后，其参数面板如图 4-237 所示。

"杂波"选项：用于设置噪声的类型。

"色相"选项：用于设置色相通道产生杂质的强度。

"明度"选项：用于设置亮度通道产生杂质的强度。

"饱和度"选项：用于设置饱和度通道产生杂质的强度。

"颗粒大小"选项：用于设置素材中添加杂质的颗粒大小。

"杂波相位"选项：用于设置杂质的方向角度。

应用"杂波 HLS"特效前、后的效果如图 4-238 和图 4-239 所示。

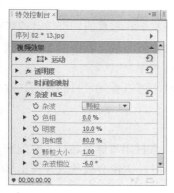

图 4-237　　　　　　　　　　　图 4-238　　　　　　　　　　　图 4-239

◎ **灰尘与划痕**

该特效可以减小图像中的杂色，以达到平衡整个图像色彩的效果。应用该特效后，其参数面板如图 4-240 所示。

"半径"选项：用于设置产生柔化效果的半径范围。

"阈值"选项：用于设置柔化的强度。

应用"灰尘与划痕"特效前、后的效果如图 4-241 和图 4-242 所示。

图 4-240　　　　　　　　　图 4-241　　　　　　　　　图 4-242

◎ **自动杂波 HLS**

该特效可以为素材添加杂色，并设置这些杂色的色彩、亮度、颗粒大小、饱和度及杂质的运动速率。应用"自动杂波 HLS"特效前、后的效果如图 4-243 和图 4-244 所示。

图 4-243　　　　　　　　　　　　图 4-244

3. 透视视频特效

该视频特效主要用于制作三维透视效果，使素材产生立体感或空间感，共包含 5 种特效。

◎ **基本 3D**

该特效可以模拟平面图像在三维空间的运动效果，能够使素材绕水平和垂直的轴旋转，或者沿着虚拟的 z 轴移动，以靠近或远离屏幕。此外，使用该特效可以为旋转的素材表面添加反光效果。应用该特效后，其参数面板如图 4-245 所示。

"旋转"选项：设置素材水平旋转的角度，当旋转角度为 90° 时，可以看到素材的背面，这就成了正面的镜像。

"倾斜"选项：设置素材垂直旋转的角度。

"与图像的距离"选项：设置素材拉近或推远的距离。数值越大，素材距离屏幕越远，看起来越小；数值越小，素材距离屏幕越近，看起来就越大。当数值为负值时，图像会被放大并撑出屏幕之外。

"镜面高光"选项：用于为素材添加反光效果。

"预览"选项：设置图像以线框的形式显示。

应用"基本 3D"特效前、后的效果如图 4-246 和图 4-247 所示。

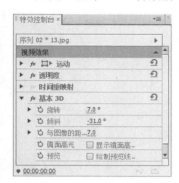

图 4-245　　　　　　　　　　图 4-246　　　　　　　　　　图 4-247

◎　径向阴影

该特效为素材添加一个阴影，并可通过原素材的 Alpha 值影响阴影的颜色。应用该特效后，其参数面板如图 4-248 所示。

"阴影颜色"选项：用于设置阴影的颜色。

"透明度"选项：用于设置阴影的透明度。

"光源"选项：调整光源来移动阴影的位置。

"投影距离"选项：调整阴影与原素材之间的距离。

"柔和度"选项：用于设置阴影的边缘柔和度。

"渲染"选项：选择产生阴影的类型。

"颜色影响"选项：原素材在阴影中彩色值的合计。如果这一个素材没有透明因素，彩色值将不会受到影响，而且阴影彩色数值决定阴影的颜色。

"仅阴影"选项：勾选此复选框，在"节目"监视器中将只显示素材的阴影。

"调整图层大小"选项：设置阴影可以超出原素材的界线。如果不勾选此复选框，阴影将只能在原素材的界线内显示。

应用"径向阴影"特效前、后的效果如图 4-249 和图 4-250 所示。

图 4-248　　　　　　　　　　图 4-249　　　　　　　　　　图 4-250

◎ 斜面 Alpha

　　该特效能够产生一个倒角的边，而且使图像的 Alpha 通道边界变亮，通常是将一个二维图像赋予三维效果，如果素材没有 Alpha 通道或它的 Alpha 通道是完全不透明的，那么这个效果就全应用到素材边缘。应用该特效后，其参数面板如图 4-251 所示。

　　"边缘厚度"选项：设置素材边缘的厚度。

　　"照明角度"选项：设置光线照射的角度。

　　"照明颜色"选项：选择光线的颜色。

　　"照明强度"选项：设置光线照射素材的强度。

　　应用"斜面 Alpha"特效前、后的效果如图 4-252 和图 4-253 所示。

图 4-251　　　　　　　图 4-252　　　　　　　图 4-253

◎ 斜角边

　　该特效能够使图像边缘产生一个凿刻的高亮三维效果。边缘的位置由源图像的 Alpha 通道来确定，与斜面 Alpha 效果不同，该效果中产生的边缘总是成直角的。应用该特效后，其参数面板如图 4-254 所示。

　　"边缘厚度"选项：设置素材边缘凿刻的高度。

　　"照明角度"选项：设置光线照射的角度。

　　"照明颜色"选项：选择光线的颜色。

　　"照明强度"选项：设置光线照射到素材的强度。

　　应用"斜角边"特效前、后的效果如图 4-255 和图 4-256 所示。

图 4-254　　　　　　　图 4-255　　　　　　　图 4-256

◎ 投影

　　该特效可用于为素材添加阴影。应用该特效后，其参数面板如图 4-257 所示。

"阴影颜色"选项：用于设置阴影的颜色。

"透明度"选项：用于设置阴影的透明度。

"方向"选项：用于设置阴影投影的角度。

"距离"选项：用于设置阴影与原素材之间的距离。

"柔和度"选项：用于设置阴影的边缘柔和度。

"仅阴影"选项：勾选此复选框，在"节目"监视器中将只显示素材的阴影。

应用"投影"特效前、后的效果如图 4-258 和图 4-259 所示。

图 4-257　　　　　　　　　图 4-258　　　　　　　　　图 4-259

4. 风格化视频特效

该视频特效主要是模拟一些美术风格，实现丰富的画面效果，共包含 13 种特效。

◎ Alpha 辉光

该特效对含有通道的素材起作用，在通道的边缘部分产生一圈渐变的辉光效果，可以在单色的边缘处或者在边缘运动时变成两个颜色。应用该特效后，其参数面板如图 4-260 所示。

"发光"选项：用于设置光晕从素材的 Alpha 通道扩散边缘的大小。

"亮度"选项：用于设置辉光的强度。

"起始颜色/结束颜色"选项：用于设置辉光内部/外部的颜色。

应用"Alpha 辉光"特效前、后的效果如图 4-261 和图 4-262 所示。

图 4-260　　　　　　　　　图 4-261　　　　　　　　　图 4-262

◎ **彩色浮雕**

该特效通过锐化素材中物体的轮廓，从而使素材产生彩色的浮雕效果。应用该特效后，其参数面板如图 4-263 所示。

"方向"选项：设置浮雕的方向。

"凸显"选项：设置浮雕压制的明显高度，实际上设定浮雕边缘最大加亮宽度。

"对比度"选项：设置图像内容的边缘锐利程度，如增加参数值，加亮区变得更明显。

"与原始图像混合"：该参数值越小，上述设置项的效果越明显。

应用"彩色浮雕"特效前、后的效果如图 4-264 和图 4-265 所示。

图 4-263　　　　　　　　　图 4-264　　　　　　　　　图 4-265

◎ **曝光过度**

该特效可以沿着画面的正反方向进行混合，从而产生类似于底片在显影时的快速曝光效果。应用"曝光过度"特效前、后的效果如图 4-266 和图 4-267 所示。

图 4-266　　　　　　　　　　　　　图 4-267

◎ **材质**

该特效可以使一个素材上显示另一个素材纹理。应用该特效后，其参数面板如图 4-268 所示。

"纹理图层"选项：用于选择与素材混合的视频轨道。

"照明方向"选项：用于设置光照的方向，该选项决定纹理图案的亮度方向。

"纹理对比度"选项：用于设置纹理的强度。

"纹理位置"选项：指定纹理的应用方式。

应用"材质"特效前、后的效果如图 4-269 和图 4-270 所示。

图 4-268

图 4-269　　　　　　　　　　　图 4-270

◎　**查找边缘**

该特效通过强化素材中物体的边缘，从而使素材产生类似于铅笔素描或底片的效果，而且构图越简单，明暗对比越强烈的素材，描出的线条越清楚。应用该特效后，其参数面板如图 4-271 所示。

"反相"选项：当取消勾选此复选框时，素材边缘出现如在白色背景上的黑色线；当勾选此复选框时，素材边缘出现如在黑色背景上的明亮线。

"与原始图像混合"选项：用于设置与原素材混合的程度。数值越小，效果越明显。

应用"查找边缘"特效前、后的效果如图 4-272 和图 4-273 所示。

图 4-271　　　　　　　　　图 4-272　　　　　　　　　图 4-273

◎　**浮雕**

该特效与"彩色浮雕"特效的效果相似，只是没有色彩，它们的各项参数选项都相同，即通过锐化素材中物体的轮廓使画面产生浮雕效果。应用"浮雕"特效前、后的效果如图 4-274 和图 4-275 所示。

图 4-274　　　　　　　　　　　图 4-275

◎　**色调分离**

该特效可以将图像按照多色调进行显示，为每一个通道指定色调级别的数值，并将像素映射到最接近的匹配级别。应用"色调分离"特效前、后的效果如图 4-276 和图 4-277 所示。

图 4-276 　　　　　　　　　　　　　图 4-277

◎ **笔触**

该特效使素材产生一种使用美术画笔描绘的效果。应用该特效后，其参数面板如图 4-278 所示。

"描绘角度"选项：设置笔划的角度。

"画笔大小"选项：设置笔刷的大小。

"描绘长度"选项：设置笔刷的长度。

"描绘浓度"选项：设置笔触的浓度。

"描绘随机性"选项：设置笔触随机描绘的程度。

"表面上色"选项：设置应用笔触效果的区域。

"与原始图像混合"选项：设置与原素材混合的程度。数值越小，上述各参数选项设置的效果越明显。

应用"笔触"特效的效果如图 4-279 和图 4-280 所示。

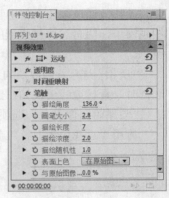

图 4-278

图 4-279 　　　　　　　　　　　　　图 4-280

◎ **边缘粗糙**

该特效可以使素材的 Alpha 通道边缘粗糙化，从而使素材或者栅格化文本产生一种粗糙的自然外观。应用"边缘粗糙"特效前、后的效果如图 4-281 和图 4-282 所示。

图 4-281 　　　　　　　　　　　　　图 4-282

◎ **复制**

该特效可以将图像复制成指定的数量并同时在每一单元中播放出来。在"特效控制台"面板中拖曳"计数"参数选项的滑块，可以设置每行或每列的分块数目。应用"复制"特效前、后的效果如图 4-283 和图 4-284 所示。

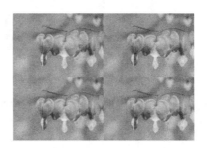

图 4-283　　　　　　　　图 4-284

◎ **闪光灯**

该特效能够以一定的周期或随机地对一个素材进行算术运算，例如，每隔 5s 素材就变成白色并显示 0.1s，或素材颜色以随机的时间间隔进行反转。此特效常用来模拟照相机的瞬间强烈闪光效果。应用该特效后，其参数面板如图 4-285 所示。

"明暗闪动颜色"选项：设置频闪瞬间屏幕上呈现的颜色。

"与原始图像混合"选项：设置与原素材混合的程度。

"明暗闪动持续时间"选项：设置频闪持续的时间。

"明暗闪动间隔时间"选项：以 s 为单位，设置频闪效果出现的间隔时间。它是从相邻两个频闪效果的开始时间算起的，因此，该选项的数值大于"明暗闪动持续时间"选项时才会出现频闪效果。

"随机明暗闪动概率"选项：设置素材中每一帧产生频闪效果的概率。

"闪光"选项：设置频闪效果的不同类型。

"闪光运算符"选项：设置频闪时所使用的运算方法。

应用"闪光灯"特效前、后的效果如图 4-286 和图 4-287 所示。

图 4-285　　　　　　图 4-286　　　　　　图 4-287

◎ **阈值**

该特效可以将图像变成灰度模式。应用"阈值"特效前、后的效果如图 4-288 和图 4-289 所示。

中等职业教育数字艺术类规划教材

图 4-288   图 4-289

◎ 马赛克

该特效用若干方形色块填充素材，使素材产生马赛克效果。此效果通常用于模拟低分辨率显示或者模糊图像。应用该特效后，其参数面板如图 4-290 所示。

"水平块"选项：用于设置水平方向上的分割色块数量。

"垂直块"选项：用于设置垂直方向上的分割色块数量。

"锐化颜色"选项：勾选此复选框，可锐化图像素材。

应用"马赛克"特效前、后的效果如图 4-291 和图 4-292 所示。

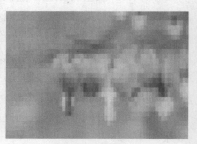

图 4-290   图 4-291   图 4-292

5. 时间视频特效

该视频特效用于对素材的时间特性进行控制，包含 3 种特效。

◎ 抽帧

该特效可以将素材设定为某一个帧率进行播放，产生跳帧的效果。应用该特效后，其参数面板如图 4-293 所示。

该特效只有一项参数"帧速率"可以设置，当修改素材默认的播放速率以后，素材就会按照指定的播放速率进行播放，从而产生跳帧播放的效果。

图 4-293

◎ 重影

该特效可以将素材中不同时间的多个帧进行同时播放，产生条纹和反射的效果。应用该特效后，其参数面板如图 4-294 所示。

"回显时间"选项：设置两个混合图像之间的时间间隔。

"重影数量"选项：设置重复帧的数量。

"起始强度"选项：设置素材的亮度。

"衰减"选项：设置组合素材强度减弱的比例。

"重影运算符"选项：设置重影与素材之间的混合模式。

应用"重影"特效的效果如图 4-295 和图 4-296 所示。

图 4-294

图 4-295

图 4-296

6. 过渡视频特效

该视频特效主要用于对两个素材之间进行连接的切换，共包含 5 种特效。

◎ 块溶解

该特效通过随机产生的板块对图像进行溶解。应用该特效后，其参数面板如图 4-297 所示。

"过渡完成"选项：当前层画面，数值为 100%时完全显示切换层画面。

"块宽度/块高度"选项：用于设置板块的高度/宽度。

"羽化"选项：用于设置板块边缘的羽化程度。

"柔化边缘"选项：勾选此复选框，板块边缘将进行柔化处理。

应用"块溶解"特效的效果如图 4-298 和图 4-299 所示。

图 4-297

图 4-298

图 4-299

◎ 径向擦除

该特效可以围绕指定点以旋转的方式进行图像的擦除。应用该特效后，其参数面板如图 4-300 所示。

"过渡完成"选项：用于设置转换完成的百分比。

"起始角度"选项：用于设置转换效果的起始角度。

"擦除中心"选项：用于设置擦除的中心点位置。

"擦除"选项：用于设置擦除的类型。

"羽化"选项：用于设置擦除边缘的羽化程度。

应用"径向擦除"特效的效果如图 4-301 和图 4-302 所示。

图 4-300　　　　　　　　图 4-301　　　　　　　　图 4-302

◎ 渐变擦除

该特效可以根据两个层的亮度值建立一个渐变层，在指定层和原图层之间进行渐变切换。应用该特效后，其参数面板如图 4-303 所示。

"过渡完成"选项：用于设置转换完成的百分比。

"过渡柔和度"选项：用于设置转换边缘的柔化程度。

"渐变图层"选项：用于选择进行参考的渐变层。

"渐变位置"选项：用于设置渐变层放置的位置。

"反相渐变"选项：勾选此复选框，将对渐变层进行反转。

应用"渐变擦除"特效的效果如图 4-304 和图 4-305 所示。

图 4-303　　　　　　　　图 4-304　　　　　　　　图 4-305

◎ 百叶窗

该特效通过对图像进行百叶窗式的分割，形成图层之间的切换。应用该特效后，其参数面板如图 4-306 所示。

"过渡完成"选项：用于设置转换完成的百分比。

"方向"选项：用于设置素材分割的角度。

"宽度"选项：用于设置分割的宽度。

"羽化"选项：用于设置分割边缘的羽化程度。

应用"百叶窗"特效的效果如图 4-307 和图 4-308 所示。

图 4-306

图 4-307

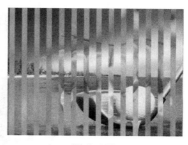

图 4-308

◎ **线性擦除**

该特效通过线条划过的方式形成擦除效果。应用该特效后，其参数面板如图 4-309 所示。

"过渡完成"选项：用于设置转换完成的百分比。

"擦除角度"选项：设置素材被擦除的角度。

"羽化"选项：用于设置擦除边缘的羽化程度。

应用"线性擦除"特效的效果如图 4-310 和图 4-311 所示。

图 4-309

图 4-310

图 4-311

7. 视频视频特效

该特效只包含"时间码"一种特效，主要用于对时间码进行显示。

时间码特效可以在影片的画面中插入时间码信息。应用"时间码"特效前、后的效果如图 4-312 和图 4-313 所示。

图 4-312

图 4-313

4.3.4 【实战演练】——制作变形效果

使用"边角固定"特效，控制视频文件的角度；使用"亮度与对比度"特效，调整视频的亮度与对比度；使用"色彩平衡"特效，调整视频的色彩平衡。最终效果参看云盘中的"Ch04\变形画面\变形画面.prproj"，如图 4-314 所示。

扫码观看
本案例视频

图 4-314

4.4 综合案例——制作马赛克效果

使用"裁剪"特效，制作图像的裁剪动画；使用"马赛克"特效，制作图像的马赛克效果。最终效果参看云盘中的"Ch04\局部马赛克效果\局部马赛克效果.prproj"，如图 4-315 所示。

扫码观看
本案例视频

图 4-315

4.5 综合案例——制作强光折射效果

使用"导入"命令，导入素材文件；使用"基本信号控制"特效，调整图像的颜色；使用"镜头光晕"特效，模拟强光折射效果。最终效果参看云盘中的"Ch04\夕阳斜照\夕阳斜照.prproj"，如图 4-316所示。

扫码观看
本案例视频

图 4-316

第5章 调色、抠像与叠加

本章主要介绍在 Premiere Pro CS6 中调色、抠像与叠加素材的基础设置方法。调色、抠像和叠加技术属于 Premiere Pro CS6 剪辑中较高级的应用，它可以使影片通过剪辑产生完美的画面合成效果。通过本章的学习，读者可以掌握 Premiere Pro CS6 的调色、抠像和叠加技术。

 ## 课堂学习目标

- 掌握视频调色基础
- 掌握视频调色技术详解
- 掌握抠像及叠加技术

5.1 制作水墨画效果

5.1.1 【训练目标】

使用"导入"命令，导入视频文件；使用"黑白"特效，将彩色图像转为灰度图像；使用"查找边缘"特效，制作图像的边缘；使用"色阶"特效，调整图像的亮度和对比度；使用"高斯模糊"特效，制作图像的模糊效果。最终效果参看云盘中的"Ch05\水墨画\水墨画.prproj"，如图 5-1 所示。

图 5-1

5.1.2 【案例操作】

步骤 1 启动 Premiere Pro CS6 软件，弹出"欢迎使用 Adobe Premiere Pro"欢迎界面，单击"新建项目"按钮 📄，弹出"新建项目"对话框，设置"位置"选项，选择保存文件路径，在"名称"文本框中输入文件名"水墨画"，如图 5-2 所示。单击"确定"按钮，弹出"新建序列"对话框，在左侧的列表中展开"DV-PAL"选项，选中"标准 48kHz"模式，如图 5-3 所示，单击"确定"按钮完成序列的创建。

图 5-2   图 5-3

步骤 2 选择"文件 > 导入"命令，弹出"导入"对话框，选择云盘中的"Ch05\水墨画\素材\01"文件，如图 5-4 所示，单击"打开"按钮，将视频文件导入到"项目"面板中，如图 5-5 所示。

图 5-4   图 5-5

步骤 3 在"项目"面板中，选中"01"文件并将其拖曳到"时间线"面板中的"视频 1"轨道中，弹出"素材不匹配警告"对话框，单击"保持现有设置"按钮，将"01"文件放置在"视频 1"轨道中，如图 5-6 所示。在"节目"面板中预览效果，如图 5-7 所示。

图 5-6   图 5-7

步骤 4 选择"窗口 > 效果"命令，弹出"效果"面板，展开"视频特效"分类选项，单击"图像控制"文件夹前面的三角形按钮▶将其展开，选中"黑白"特效，如图 5-8 所示。将"黑白"特效拖曳到"时间线"面板"视频 1"轨道中的"01"文件上，如图 5-9 所示。在"节目"面板中预览效果，如图 5-10 所示。

图 5-8

图 5-9

图 5-10

步骤 5 在"效果"面板，展开"视频特效"分类选项，单击"风格化"文件夹前面的三角形按钮▶将其展开，选中"查找边缘"特效，如图 5-11 所示。将"查找边缘"特效拖曳到"时间线"面板"视频 1"轨道中的"01"文件上，如图 5-12 所示。在"节目"面板中预览效果，如图 5-13 所示。

图 5-11

图 5-12

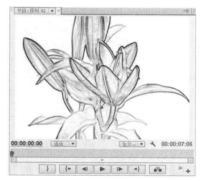

图 5-13

步骤 6 选择"特效控制台"面板，展开"查找边缘"特效并进行参数设置，如图 5-14 所示。在"节目"面板中预览效果，如图 5-15 所示。

图 5-14

图 5-15

步骤7 在"效果"面板，展开"视频特效"分类选项，单击"调整"文件夹前面的三角形按钮 ▶ 将其展开，选中"色阶"特效，如图 5-16 所示。将"色阶"特效拖曳到"时间线"面板"视频 1"轨道中的"01"文件上，如图 5-17 所示。

图 5-16

图 5-17

步骤8 在"特效控制台"面板，展开"色阶"特效并进行参数设置，如图 5-18 所示。在"节目"面板中预览效果，如图 5-19 所示。

图 5-18

图 5-19

步骤9 在"效果"面板，展开"视频特效"分类选项，单击"模糊与锐化"文件夹前面的三角形按钮 ▶ 将其展开，选中"高斯模糊"特效，如图 5-20 所示。将"高斯模糊"特效拖曳到"时间线"面板"视频 1"轨道中的"01"文件上，如图 5-21 所示。

图 5-20

图 5-21

步骤 10　在"特效控制台"面板，展开"高斯模糊"特效并进行参数设置，如图 5-22 所示。水墨画制作完成，如图 5-23 所示。

图 5-22

图 5-23

5.1.3 　【相关知识】

1. 视频调色基础

在视频编辑过程中，调整画面的色彩是至关重要的，因此经常需要将拍摄的素材进行颜色的调整。抠像后也需要校色来使当前对象与背景协调。因此，Premiere Pro CS6 提供了一整套的图像调整工具。

在进行颜色校正前，必须要保正监视器显示颜色准确，否则调整出来的影片颜色就不准确。对监视器颜色的校正，除了使用专门的硬件设备外，也可以凭自己的眼睛来校准监视器色彩。

在 Premiere Pro CS6 中，"节目"监视器面板提供了多种素材的显示方式，不同的显示方式，对分析影片有着重要的作用。

单击"节目"监视器窗口右上方的 按钮，在弹出的下拉列表中选择窗口不同的显示模式，如图 5-24 所示。

"合成视频"选项：在该模式下显示编辑合成后的影片效果。

"Alpha"选项：在该模式下显示影片 Alpha 通道。

"全部范围"选项：在该模式下显示所有颜色分析模式，包括波形、矢量、YCBCr 和 RGB。

"矢量示波器"选项：在部分的电影制作中，会用到"矢量图"和"YC 波形"两种硬件设备，主要用于检测影片的颜色信号。"矢量图"模式主要用于检测色彩信号。信号的色相饱和度构成一个圆形的图表，饱和度从圆心开始向外扩展，越向外，饱和度越高。

从图表中可以看出，图 5-25 所示下方素材的饱和度较低，绿色的饱和度信号处于中心位置，而上方的素材饱和度被提高，信号开始向外扩展。

"YC 波形"选项：该模式用于检测亮度信号时非常有用。它使用 IRE 标准单位进行检测。水平方向轴表示视频图像，垂直方向轴则检测亮度。在绿色的波形图表中，明亮的区域总是处于图表上方，而暗淡区域总在图表下方，如图 5-26 所示。

中等职业教育数字艺术类规划教材

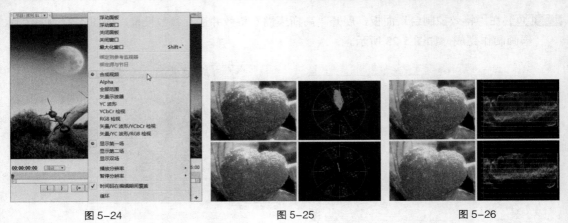

图 5-24   图 5-25   图 5-26

"YCbCr 检视"选项：该模式主要用于检测 NTSC 颜色区间。图表中左侧的垂直信号表示影片的亮度，右侧水平线为色相区域，水平线上的波形则表示饱和度的高低，如图 5-27 所示。

"RGB 检视"选项：该模式主要检测 RGB 颜色区间。图表中水平坐标从左到右分别为红、绿和蓝颜色区间，垂直坐标则显示颜色数值，如图 5-28 所示。

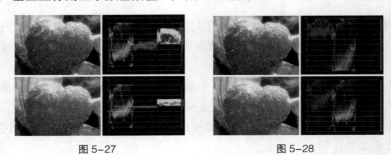

图 5-27   图 5-28

2. 调整特效

如果需要调整素材的亮度、对比度、色彩以及通道，修复素材的偏色或者曝光不足等缺陷，提高素材画面的颜色及亮度，制作特殊的色彩效果，最好的选择就是使用"调整"特效。该类特效是使用频繁的一类特效，共包含 9 个视频特效。

◎ **自动颜色、自动对比度、自动色阶**

使用"自动颜色""自动对比度"和"自动色阶"3 个特效可以快速、全面修整素材，调整素材的中间色调、暗调和高亮区的颜色。"自动颜色"特效主要用于调整素材的颜色；"自动对比度"特效主要用于调整所有颜色的亮度和对比度；"自动色阶"特效主要用于调整暗部和高亮区。

图 5-29 和图 5-30 所示为分别应用"自动颜色"特效前、后的效果。应用该特效后，其参数面板如图 5-31 所示。

图 5-32 和图 5-33 所示为分别应用"自动对比度"特效前、后的效果。应用该特效后，其参数面板如图 5-34 所示。

图 5-35 和图 5-36 所示为分别应用"自动色阶"特效前、后的效果。应用该特效后，其参数面板如图 5-37 所示。

图 5-29　　　　　　　　　　图 5-30　　　　　　　　　　图 5-31

图 5-32　　　　　　　　　　图 5-33　　　　　　　　　　图 5-34

图 5-35　　　　　　　　　　图 5-36　　　　　　　　　　图 5-37

以上 3 种特效均提供了 5 个相同的参数选项，具体含义如下。

"瞬时平滑"选项：设置平滑的处理秒数。当该选项值为 0 时，Premiere Pro CS6 将独立地分析每一帧；当该选项值高于 1 时，Premiere Pro CS6 会在帧显示前以 1s 的时间间隔分析帧。

"场景检测"选项：在设置了"瞬时平滑"选项值后，该复选框才被激活。勾选此复选框，Premiere Pro CS6 将忽略场景变化。

"减少黑色像素/减少白色像素"选项：用于增加或减小图像的黑色/白色。

"与原始图像混合"选项：用于改变素材应用特效的程度。当该选项值为 0 时，在素材上可以看到 100% 的特效；当该选项为 100 时，素材上可以看到 0% 的特效。

"自动颜色"特效还提供了"对齐中性中间调"参数选项。勾选此复选框，调整颜色的灰阶数值。

◎ **卷积内核**

该特效根据运算改变素材中每个像素的颜色和亮度值来改变图像的质感。应用该特效后，其参数面板如图 5-38 所示。

"M11"～"M33"选项：表示像素亮度增效的矩阵，其参数值可在-30～30 之间调整。

"偏移"选项：用于调整素材的色彩明暗偏移量。

"缩放"选项：输入一个数值，在操作中包含的像素总和将除以该数值。

应用"卷积内核"特效前、后的效果如图 5-39 和图 5-40 所示。

图 5-38　　　　　　　　　图 5-39　　　　　　　　　图 5-40

◎ **提取**

该特效可以从视频片段中吸取颜色，然后通过设置灰度的范围控制影像的显示。应用该特效后，其参数面板如图 5-41 所示。

"输入黑色阶"选项：表示画面中黑色的提取情况。

"输入白色阶"选项：表示画面中白色的提取情况。

"柔和度"选项：用于调整画面的灰度，数值越大，其灰度越高。

"反相"选项：勾选此复选框，将对黑色和白色像素范围进行反转。

应用"提取"特效前、后的效果如图 5-42 和图 5-43 所示。

图 5-41　　　　　　　　　图 5-42　　　　　　　　　图 5-43

◎ **色阶**

该特效可以调整影片的亮度和对比度。应用该特效后，其参数面板如图 5-44 所示。单击右上角的"设置"按钮 ，弹出"色阶设置"对话框，左侧显示了当前画面的柱状图，水平方向代表亮度值，垂直方向代表对应亮度值的像素总数。上方的下拉列表，可以选择需要调整的颜色通道，如图 5-45 所示。

图 5-44

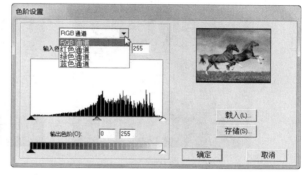

图 5-45

"通道"选项：在该下拉列表中可以选择需要调整的通道。

"输入色阶"选项：用于进行颜色的调整。拖曳下方的三角形滑块，可以改变颜色的对比度。

"输出色阶"选项：用于调整输出的级别。在该文本框中输入有效数值，可以对素材输出亮度进行修改。

"载入"选项：单击该按钮可以载入以前所存储的效果。

"存储"选项：单击该按钮可以保存当前的设置。

应用"色阶"特效前、后的效果如图 5-46 和图 5-47 所示。

图 5-46

图 5-47

◎ **照明效果**

该特效可以为素材添加最多 5 个灯光照明，以模拟舞台追光灯的效果。在该效果对应的"特效控制台"面板中可以设置灯光的类型、方向、强度、颜色和中心点的位置等。应用"照明效果"特效前、后的效果如图 5-48 和图 5-49 所示。

图 5-48   图 5-49

◎ **基本信号控制**

该特效可以用于调整素材的亮度、对比度和色相，是一个较为常用的视频特效。应用"基本信号控制"特效前、后的效果如图 5-50 和图 5-51 所示。

图 5-50   图 5-51

◎ **阴影/高光**

该特效用于分别调整素材的阴影和高光区域，应用"阴影/高光"特效前、后的效果如图 5-52 和图 5-53 所示。该特效不应用于整个图像的调暗或调亮，但可以基于图像周围的像素，单独调整图像高光区域。

图 5-52   图 5-53

3. 图像控制特效

"图像控制"特效主要用途是对素材进行色彩的特效处理，广泛运用于视频编辑中，处理一些前期拍摄中所遗留下的缺陷，或使素材达到某种预想的效果。这是一组重要的视频特效，它包含了 5 种效果。

◎ **黑白**

该特效用于将彩色影像直接转换成黑白灰度影像。应用"黑白"特效前、后的效果如图 5-54 和图 5-55 所示。该特效没有参数选项。

图 5-54

图 5-55

◎ **颜色平衡（RGB）**

利用"颜色平衡（RGB）"特效可以通过对素材的红色、绿色和蓝色进行调整来达到改变图像色彩的目的。应用"颜色平衡（RGB）"特效前、后的效果如图 5-56 和图 5-57 所示。

图 5-56

图 5-57

◎ **色彩传递**

该特效可以将素材中指定颜色以外的其他颜色转化成灰度（黑、白），即保留指定的颜色。该特效对应的"特效控制台"参数面板如图 5-58 所示，单击"设置"按钮 ，弹出"色彩传递设置"对话框，如图 5-59 所示。

图 5-58

图 5-59

"素材示例"选项：显示素材画面，将鼠标指针移动到此画面中并单击，可以直接在画面中选取颜色。

"输出示例"选项：显示添加了特效后的素材画面。

"颜色"选项：显示要保留的颜色，单击该色块，将弹出"色彩"对话框，从中可以设置要保留的颜色。

"相似性"选项：用于设置相似色彩的容差值，即增加或减少所选颜色的范围。

"反向"选项：勾选该复选框，将颜色进行反转，即所选的颜色转变成灰度而其他颜色保持不变。

应用"色彩传递"特效前、后的效果如图 5-60 和图 5-61 所示。

图 5-60

图 5-61

◎ **颜色替换**

该特效可以指定某种颜色，然后使用一种新的颜色替换指定的颜色。该特效对应的"特效控制台"参数面板如图 5-62 所示，单击"设置"按钮 →▦，弹出"颜色替换设置"对话框，如图 5-63 所示。

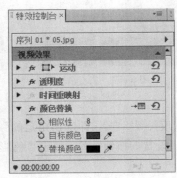

图 5-62

图 5-63

"目标颜色"选项：用于设置被替换的颜色。选取的方法与"颜色传递设置"对话框中选取的方法相同。

"替换颜色"选项：用于设置替换当前颜色的颜色。单击颜色块，在弹出的"色彩"对话框中进行设置。

"相似性"选项：用于设置相似色彩的容差值，即增加或减少所选颜色的范围。

"纯色"选项：勾选此复选框，该特效将用纯色替换目标色，没有任何过渡。

应用"颜色替换"特效前、后的效果如图 5-64 和图 5-65 所示。

图 5-64

图 5-65

◎ 灰度系数（Gamma）校正

该特效可以通过改变素材中间色调的亮度，实现在不改变素材亮度和阴影的情况下，使素材变得更明亮或更灰暗。应用"灰度系数（Gamma）校正"特效前、后的效果如图 5-66 和图 5-67 所示。

图 5-66　　　　　　　　　　　　　　　图 5-67

5.1.4　【实战演练】——制作老电影效果

使用"导入"命令，导入视频文件；使用"基本信号控制"特效，调整图像的亮度、饱和度和对比度；使用"色彩平衡"特效，降低图像中的部分颜色；使用"DE_AgedFilm"外部特效，制作老电影效果。最终效果参看云盘中的"Ch05\怀旧老电影效果\怀旧老电影效果.prproj"，如图 5-68 所示。

扫码观看
本案例视频

图 5-68

5.2　制作淡彩铅笔画效果

5.2.1　【训练目标】

使用"导入"命令，导入素材文件；使用"缩放比例"选项，改变图像的大小；使用"透明度"选项，改变图像的不透明度；使用"查找边缘"特效，制作图像的边缘；使用"色阶"特效，调整图像的亮度和对比度；使用"黑白"特效，将彩色图像转为灰度图像；使用"笔触"特效，制作图像的粗糙外观。最终效果参看云盘中的"Ch05\淡彩铅笔画\淡彩铅笔画.prproj"，如图 5-69 所示。

图 5-69

5.2.2 【案例操作】

步骤 1 启动 Premiere Pro CS6 软件，弹出"欢迎使用 Adobe Premiere Pro"欢迎界面，单击"新建项目"按钮 📄 ，弹出"新建项目"对话框，设置"位置"选项，选择保存文件路径，在"名称"文本框中输入文件名"淡彩铅笔画"，如图 5-70 所示。单击"确定"按钮，弹出"新建序列"对话框，在左侧的列表中展开"DV-PAL"选项，选中"标准 48kHz"模式，如图 5-71 所示，单击"确定"按钮完成序列的创建。

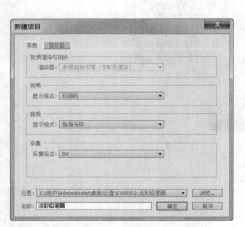

图 5-70

图 5-71

步骤 2 选择"文件 > 导入"命令，弹出"导入"对话框，选择云盘中的"Ch05\淡彩铅笔画\素材\01"文件，如图 5-72 所示，单击"打开"按钮，将素材文件导入到"项目"面板中，如图 5-73 所示。

步骤 3 在"项目"面板中，选中"01"文件并将其拖曳到"时间线"面板中的"视频 1"轨道中，如图 5-74 所示。在"节目"面板中预览效果，如图 5-75 所示。

图 5-72

图 5-73

图 5-74

图 5-75

步骤 4 选择"特效控制台"面板，展开"运动"选项，将"位置"选项设置为 400 和 282，"缩放比例"选项设置为 75，如图 5-76 所示。在"节目"面板中预览效果，如图 5-77 所示。

图 5-76

图 5-77

步骤 5 在"时间线"面板中，选择"视频 1"轨道中的"01"文件，按 Ctrl+C 组合键，将其复制。在"时间线"面板中锁定"视频 1"轨道，如图 5-78 所示。按 Ctrl+V 组合键，将复制的"01"文件粘贴到"视频 2"轨道中，如图 5-79 所示。

图 5-78　　　　　　　　　　　　　　图 5-79

步骤 6　将时间标签放置在 0s 的位置。选中"视频 2"轨道中的"01"文件，在"特效控制台"面板中展开"透明度"选项，将"透明度"选项设置为 75，如图 5-80 所示。在"节目"面板中预览效果，如图 5-81 所示。

图 5-80　　　　　　　　　　　　　　图 5-81

步骤 7　选择"窗口 > 效果"命令，弹出"效果"面板，展开"视频特效"分类选项，单击"风格化"文件夹前面的三角形按钮 ▶ 将其展开，选中"查找边缘"特效，如图 5-82 所示。将"查找边缘"特效拖曳到"时间线"面板"视频 2"轨道中的"01"文件上，如图 5-83 所示。在"节目"面板中预览效果，如图 5-84 所示。

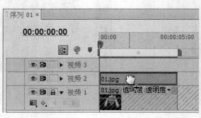

图 5-82　　　　　　　　　图 5-83　　　　　　　　　图 5-84

步骤 8　在"特效控制台"面板，展开"查找边缘"特效并进行参数设置，如图 5-85 所示。在"节目"面板中预览效果，如图 5-86 所示。

图 5-85

图 5-86

步骤 9 在"效果"面板，展开"视频特效"分类选项，单击"调整"文件夹前面的三角形按钮 ▶将其展开，选中"色阶"特效，如图 5-87 所示。将"色阶"特效拖曳到"时间线"面板"视频 2"轨道中的"01"文件上，如图 5-88 所示。

图 5-87

图 5-88

步骤 10 在"特效控制台"面板，展开"色阶"特效并进行参数设置，如图 5-89 所示。在"节目"面板中预览效果，如图 5-90 所示。

图 5-89

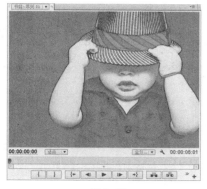

图 5-90

步骤 11 在"效果"面板，展开"视频特效"分类选项，单击"图像控制"文件夹前面的三角形按钮 ▶将其展开，选中"黑白"特效，如图 5-91 所示。将"黑白"特效拖曳到"时间线"

面板"视频 2"轨道中的"01"文件上，如图 5-92 所示。在"节目"面板中预览效果，如图 5-93 所示。

图 5-91

图 5-92

图 5-93

步骤 12 在"效果"面板，展开"视频特效"分类选项，单击"风格化"文件夹前面的三角形按钮▶将其展开，选中"笔触"特效，如图 5-94 所示。将"笔触"特效拖曳到"时间线"面板"视频 2"轨道中的"01"文件上，如图 5-95 所示。在"节目"面板中预览效果，如图 5-96 所示。

图 5-94

图 5-95

图 5-96

步骤 13 在"特效控制台"面板，展开"笔触"特效并进行参数设置，如图 5-97 所示。淡彩铅笔画制作完成，如图 5-98 所示。

图 5-97

图 5-98

5.2.3　【相关知识】

合成一般用于制作效果比较复杂的影视作品，简称复合影视，它主要通过使用多个视频素材的叠加、透明以及应用各种类型的键控来实现。在电视制作上，键控也常被称为"抠像"，而在电影制作中则被称为"遮罩"。Premiere Pro CS6 建立叠加的效果，是在多个视频轨道中的素材实现切换之后，才将叠加轨道上的素材相互叠加的，较高层轨道的素材会叠加在较低层轨道的素材上并在监视器窗口优先显示出来，也就意味着在其他素材上面播放。

1. 透明

使用透明叠加的原理是因为每个素材都有一定的不透明度，在不透明度为 0%时，图像完全透明；在不透明度为 100%时，图像完全不透明；不透明度介于两者之间，图像呈半透明。在 Premiere Pro CS6 中，将一个素材叠加在另一个素材上之后，位于轨道上面的素材能够显示其下方素材的部分图像，所利用的就是素材的不透明度。因此，通过素材不透明度的设置，可以制作透明叠加的效果，如图 5-99 所示。

图 5-99

用户可以使用 Alpha 通道、蒙版或键控来定义素材透明度区域和不透明区域，通过设置素材的不透明度并结合使用不同的混合模式就可以创建出绚丽多彩的影视视觉效果。

2. Alpha 通道

素材的颜色信息都被保存在 3 个通道中，分别是红色通道、绿色通道和蓝色通道。另外，在素材中还包含看不见的第 4 个通道，即 Alpha 通道，它用于存储素材的透明度信息。

当在"After Effects Composition"面板或者 Premiere Pro CS6 的监视器窗口中查看 Alpha 通道时，白色区域是完全不透明的，而黑色区域则是完全透明的，两者之间的区域则是半透明的。

3. 蒙版

"蒙版"是一个层，用于定义层的透明区域，白色区域定义的是完全不透明的区域，黑色区域定义完全透明的区域，两者之间的区域则是半透明的，这点类似于 Alpha 通道。通常，Alpha 通道就被用作蒙版，但是使用蒙版定义素材的透明区域时要比使用 Alpha 通道更好，因为在很多的原始素材中不包含 Alpha 通道。

在 TGA、TIFF、EPS 和 Quick Time 等素材格式中都包含 Alpha 通道。在使用 Adobe Illustrator EPS 和 PDF 格式的素材时，After Effects 会自动将空白区域转换为 Alpha 通道。

4. 键控

前面已经介绍，在进行素材合成时，可以使用 Alpha 通道将不同的素材对象合成到一个场景中。但是在实际的工作中，能够使用 Alpha 通道进行合成的原始素材非常少，因为摄像机是无法产生 Alpha 通道的，这时候使用键控（即抠像）技术就非常重要了。

键控（即抠像）使用特定的颜色值（颜色键控或者色度键控）和亮度值（亮度键控）来定义视频素材中的透明区域。当断开颜色值时，颜色值或者亮度值相同的所有像素将变为透明。

使用键控可以很容易地为一幅颜色或者亮度一致的视频素材替换背景，这一技术一般被称为"蓝屏技术"或"绿屏技术"，也就是背景色完全是蓝色或者绿色的，当然也可以是其他颜色的背景，如图 5-100、图 5-101 和图 5-102 所示。

图 5-100　　　　　　　　　　图 5-101　　　　　　　　　　图 5-102

5.2.4　【实战演练】——制作透明动画效果

使用"缩放比例"选项，缩放视频的大小；使用"裁剪"命令，裁剪视频的长度；使用"透明度"选项和关键帧，制作透明度动画效果。最终效果参看云盘中的"Ch05\唯美空间\唯美空间.prproj"，如图 5-103 所示。

扫码观看
本案例视频

图 5-103

5.3／制作抠像效果

5.3.1　【训练目标】

使用"导入"命令，导入视频文件；使用"蓝屏键"特效，抠出人物图像；使用"亮度与对比度"特效，调整人物的亮度和对比度。最终效果参看云盘中的"Ch05\抠像效果\抠像效果.prproj"，如图 5-104 所示。

图 5-104

5.3.2 【案例操作】

步骤 1 启动 Premiere Pro CS6 软件，弹出"欢迎使用 Adobe Premiere Pro"欢迎界面，单击"新建项目"按钮 📄，弹出"新建项目"对话框，设置"位置"选项，选择保存文件路径，在"名称"文本框中输入文件名"抠像效果"，如图 5-105 所示。单击"确定"按钮，弹出"新建序列"对话框，在左侧的列表中展开"DV-PAL"选项，选中"标准 48kHz"模式，如图 5-106 所示，单击"确定"按钮完成序列的创建。

图 5-105

图 5-106

步骤 2 选择"文件 > 导入"命令，弹出"导入"对话框，选择云盘中的"Ch05\抠像效果\素材\01 和 02"文件，如图 5-107 所示，单击"打开"按钮，将视频文件导入到"项目"面板中，如图 5-108 所示。

步骤 3 在"项目"面板中，选中"01"文件并将其拖曳到"时间线"面板中的"视频 1"轨道中，弹出"素材不匹配警告"对话框，如图 5-109 所示，单击"保持现有设置"按钮，将"01"文件放置在"视频 1"轨道中，如图 5-110 所示。

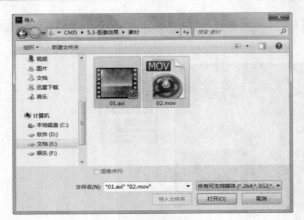

图 5-107

图 5-108

图 5-109

图 5-110

步骤 4 将时间标签放置在 1:04s 的位置，如图 5-111 所示。选择"剃刀"工具，将鼠标指针放置在时间标签所在的位置上单击，如图 5-112 所示，将视频素材切割为两段。选择"选择"工具，选择要删除的视频素材，如图 5-113 所示，按 Delete 键将其删除，效果如图 5-114 所示。

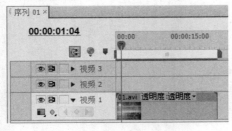

图 5-111

图 5-112

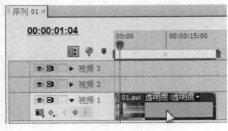

图 5-113

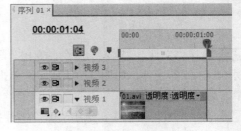

图 5-114

步骤 5 将时间标签放置在 0s 的位置，在"项目"面板中，选中"02"文件并将其拖曳到"时间线"面板中的"视频 2"轨道中，如图 5-115 所示。在"节目"面板中预览效果，如图 5-116 所示。

图 5-115

图 5-116

步骤 6 选择"窗口 > 效果"命令，弹出"效果"面板，展开"视频特效"分类选项，单击"键控"文件夹前面的三角形按钮 ▶ 将其展开，选中"蓝屏键"特效，如图 5-117 所示。将"蓝屏键"特效拖曳到"时间线"面板"视频 2"轨道中的"02"文件上，如图 5-118 所示。

图 5-117

图 5-118

步骤 7 选择"特效控制台"面板，展开"蓝屏键"特效，将"阈值"选项设置为 70，"屏蔽度"选项设置为 15，如图 5-119 所示。在"节目"面板中预览效果，如图 5-120 所示。

图 5-119

图 5-120

步骤 8 在"效果"面板，展开"视频特效"分类选项，单击"色彩校正"文件夹前面的三角形按钮 ▶ 将其展开，选中"亮度与对比度"特效，如图 5-121 所示。将"亮度与对比度"特效拖曳到"时间线"面板"视频 2"轨道中的"02"文件上，如图 5-122 所示。

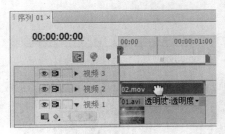

图 5-121

图 5-122

步骤 9 在"特效控制台"面板，展开"亮度与对比度"特效，将"亮度"选项设置为 48.5，"对比度"选项设置为 39.8，如图 5-123 所示。抠像效果制作完成，如图 5-124 所示。

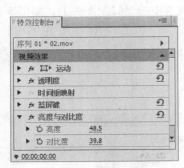

图 5-123

图 5-124

5.3.3 【相关知识】

Premiere Pro CS6 中自带了 15 种键控特效，下面介绍各种抠像特效的使用方法。

◎ Alpha 调整

该特效主要通过调整当前素材的 Alpha 通道信息（即改变 Alpha 通道的透明度），使当前素材与其下面的素材产生不同的叠加效果。如果当前素材不包含 Alpha 通道，改变的将是整个素材的透明度。应用该特效后，其参数面板如图 5-125 所示。

"透明度"选项：用于调整画面的不透明度。

"忽略 Alpha"选项：勾选此复选框，可以忽略 Alpha 通道。

"反相 Alpha"选项：勾选此复选框，可以对通道进行反向处理。

图 5-125

"仅蒙版"选项：勾选此复选框，可以将通道作为蒙版使用。

应用"Alpha 调整"特效的效果如图 5-126、图 5-127 和图 5-128 所示。

图 5-126

图 5-127

图 5-128

◎ 蓝屏键

该特效又称"抠蓝"，用于在画面上进行蓝色叠加。应用该特效后，其参数面板如图 5-129 所示。

"阈值"选项：用于调整被添加蓝色背景的透明度。

"屏蔽度"选项：用于调节前景图像的对比度。

"平滑"选项：用于调节图像的平滑度。

"仅蒙版"选项：勾选此复选框，前景仅作为蒙版使用。

应用"蓝屏键"特效的效果如图 5-130、图 5-131 和图 5-132 所示。

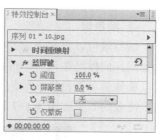

图 5-129

图 5-130

图 5-131

图 5-132

◎ 色度键

该特效可以将图像上的某种颜色及相似范围的颜色设为透明，从而显示后面的图像。该特效适用于纯色背景的图像。在"特效控制台"面板中选择吸管工具 ✐，在项目监视器窗口中需要抠去的颜色上单击选取颜色，吸取颜色后，调节各项参数，观察抠像效果，如图 5-133 所示。

"相似性"选项：用于设置所选取颜色的容差度。

"混合"选项：用于设置透明与非透明边界色彩的混合程度。

"阈值"选项：用于设置素材中蓝色背景的透明度。向左拖动滑块将增加素材透明度，该选项数值为 0 时，蓝色将完全透明。

"屏蔽度"选项：用于设置前景色与背景色的对比度。

"平滑"选项：用于调整抠像后素材边缘的平滑程度。

"仅遮罩"选项：勾选此复选框，将只显示抠像后素材的 Alpha 通道。

图 5-133

应用"色度键"特效的效果如图 5-134、图 5-135 和图 5-136 所示。

图 5-134 图 5-135 图 5-136

◎ **颜色键**

该特效可以根据指定的颜色将素材中像素值相同的颜色设置为透明。该特效与"色度键"特效类似，同样是在素材中选择一种颜色或一个颜色范围并将它们设置为透明，但"颜色键"特效可以单独调节素材像素颜色和灰度值，而"色度键"特效则可以同时调节这些内容。应用"颜色键"特效的效果如图 5-137 和图 5-138 所示。

图 5-137 图 5-138

◎ **差异遮罩**

该特效可以叠加两个图像相互不同部分的纹理，保留对方的纹理颜色。应用"差异遮罩"特效的效果如图 5-139、图 5-140 和图 5-141 所示。

图 5-139 图 5-140 图 5-141

◎ **16 点无用信号遮罩**

该特效通过 16 个控制点的位置来调整被叠加图像的大小。应用"16 点无用信号遮罩"特效的效果如图 5-142、图 5-143 和图 5-144 所示。

图 5-142

图 5-143

图 5-144

◎ **8 点无用信号遮罩**

该特效通过 8 个控制点的位置来调整被叠加图像的大小。应用 "8 点无用信号遮罩" 特效的效果如图 5-145 和图 5-146 所示。

图 5-145

图 5-146

◎ **4 点无用信号遮罩**

该特效通过 4 个控制点的位置来调整被叠加图像的大小。应用 "4 点无用信号遮罩" 特效的效果如图 5-147 和图 5-148 所示。

图 5-147

图 5-148

◎ **图像遮罩键**

该特效将使用相邻轨道上的素材作为被叠加的底纹背景素材，相对于底纹而言，前面画面中白色区域是不透明的，背景画面的相关部分不能显示出来，黑色区域是透明的区域，灰色区域则为部分透明。如果想保持前面的色彩，那么作为底纹图像最好选用灰度图像。应用 "图像遮罩键" 特效的效果如图 5-149、5-150 和图 5-151 所示。

图 5-149

图 5-150

图 5-151

◎ 亮度键

该特效可以将被叠加图像的灰色值设置为透明，而且保持色度不变。该特效对明暗对比十分强烈的图像十分有用。应用"亮度键"特效的效果如图 5-152、图 5-153 和图 5-154 所示。

图 5-152

图 5-153

图 5-154

◎ 非红色键

该特效可以叠加具有蓝色背景的素材，并使这类背景产生透明效果。应用"非红色键"特效的效果如图 5-155、图 5-156 和图 5-157 所示。

图 5-155

图 5-156

图 5-157

◎ RGB 差异键

该特效与"亮度键"特效基本相同，可以将某个颜色或者颜色范围内的区域变为透明。应用"RGB 差异键"特效的效果如图 5-158、图 5-159 和图 5-160 所示。

图 5-158

图 5-159

图 5-160

◎ **移除遮罩**

该特效可以将原有的遮罩移除，如将画面中白色区域或黑色区域进行移除。图 5-161 所示为"移除遮罩"特效的设置参数。

◎ **轨道遮罩键**

该特效将遮罩层进行适当比例的缩小，并显示在原图层上。应用"轨道遮罩键"特效的效果如图 5-162、图 5-163 和图 5-164 所示。

图 5-161

图 5-162

图 5-163

图 5-164

◎ **极致键**

该特效通过指定某种颜色，在选项中调整容差值等参数，来显示素材的透明效果。应用"极致键"特效的效果如图 5-165、图 5-166 和图 5-167 所示。

图 5-165

图 5-166

图 5-167

5.3.4 【实战演练】——制作图像去色效果

使用"导入"命令，导入素材文件；使用"分色"特效，制作图像去色效果。最终效果参看云盘中的"Ch05\去除背景效果\去除背景效果.prproj"，如图 5-168 所示。

图 5-168

扫 码 观 看
本案例视频

5.4 综合案例——改变图像颜色

使用"基本信号控制"特效，调整图像的饱和度；使用"更改颜色"特效，改变图像的颜色。最终效果参看云盘中的"Ch05\颜色替换\颜色替换.prproj"，如图 5-169 所示。

图 5-169

5.5 综合案例——制作去色效果

使用"导入"命令，导入素材文件；使用"分色"特效，制作图像去色效果。最终效果参看云盘中的"Ch05\单色保留\单色保留.prproj"，如图 5-170 所示。

图 5-170

第6章 制作字幕与字幕特技

本章主要介绍字幕的制作方法，并对字幕的创建、保存、字幕窗口中的各项功能及使用方法进行详细介绍。通过本章的学习，读者应掌握编辑字幕的操作技巧。

 课堂学习目标

- 掌握"字幕"编辑面板概述
- 掌握字幕文字对象的创建
- 掌握字幕文字的编辑与修饰
- 掌握插入标志及运动字幕的创建

6.1 制作文字动画效果

6.1.1 【训练目标】

使用"导入"命令，导入素材文件；使用"字幕"命令，创建字幕；使用"球面化"特效，制作文字动画效果。最终效果参看云盘中的"Ch06\化妆品广告\化妆品广告.prproj"，如图6-1所示。

扫码观看
本案例视频

图6-1

6.1.2 【案例操作】

1. 导入素材并创建字幕

步骤 1 启动 Premiere Pro CS6 软件，弹出"欢迎使用 Adobe Premiere Pro"欢迎界面，单击"新建项目"按钮 ，弹出"新建项目"对话框，设置"位置"选项，选择保存文件路径，在"名称"文本框中输入文件名"化妆品广告"，如图6-2所示。单击"确定"按钮，弹出"新建序列"对话框，在左侧的列表中展开"DV-PAL"选项，选中"标准 48kHz"模式，如图6-3所示，单击"确定"按钮完成序列的创建。

步骤 2 选择"文件 > 导入"命令，弹出"导入"对话框，选择云盘中的"Ch06\化妆品广告\素材\01"文件，如图6-4所示，单击"打开"按钮，将素材文件导入到"项目"面板中，如图6-5所示。

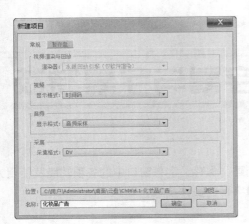

图 6-2

图 6-3

图 6-4

图 6-5

步骤 3 在"项目"面板中，选中"01"文件并将其拖曳到"时间线"面板中的"视频 1"轨道中，如图 6-6 所示。在"节目"面板中预览效果，如图 6-7 所示。

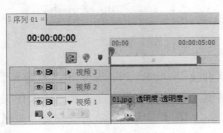

图 6-6

图 6-7

步骤 4 选择"文件 > 新建 > 字幕"命令，弹出"新建字幕"对话框，如图 6-8 所示，单击"确定"按钮，弹出字幕编辑面板，选择"输入"工具 **T**，在字幕工作区中输入"丽雅美白霜"，在"字幕属性"子面板中选择需要的字体并填充需要的颜色，如图 6-9 所示。关闭字幕编辑面板，新建的字幕文件自动保存到"项目"面板中。

图 6-8

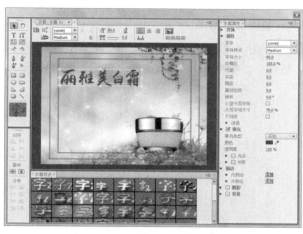

图 6-9

步骤 5 按 Ctrl+T 组合键，在弹出"新建字幕"对话框中进行设置，单击"确定"按钮，弹出字幕编辑面板，选择"路径文字"工具 ，在字幕编辑区域中绘制一条曲线，如图 6-10 所示，在"字幕属性"子面板中选择需要的字体并填充需要的颜色，选择"路径文字"工具 ，在路径上单击插入光标，输入需要的文字，如图 6-11 所示。

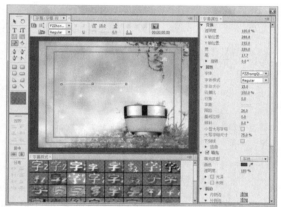

图 6-10

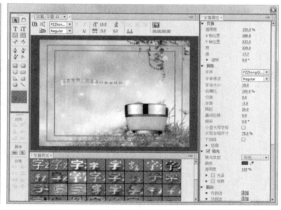

图 6-11

步骤 6 关闭字幕编辑面板，新建的字幕文件自动保存到"项目"面板中，如图 6-12 所示。用相同的方法创建其他字幕，如图 6-13 所示。

图 6-12

图 6-13

2. 制作文字动画

步骤 1 在"项目"面板中，选中"字幕 01"文件并将其拖曳到"时间线"面板中的"视频 2"轨道中，如图 6-14 所示。在"节目"面板中预览效果，如图 6-15 所示。

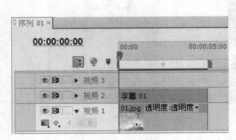

图 6-14

图 6-15

步骤 2 选择"窗口 > 效果"命令，弹出"效果"面板，展开"视频特效"分类选项，单击"扭曲"文件夹前面的三角形按钮▶将其展开，选中"球面化"特效，如图 6-16 所示。将"球面化"特效拖曳到"时间线"面板"视频 2"轨道中的"字幕 01"文件上，如图 6-17 所示。

图 6-16

图 6-17

步骤 3 选择"特效控制台"面板，展开"球面化"特效，将"球面中心"选项设置为 100 和 288，分别单击"半径"和"球面中心"选项左侧的"切换动画"按钮▷，如图 6-18 所示，记录第 1 个动画关键帧。将时间标签放置在 1s 的位置，在"特效控制台"面板中，将"半径"选项设置为 250，"球面中心"选项设置为 150 和 288，如图 6-19 所示，记录第 2 个动画关键帧。

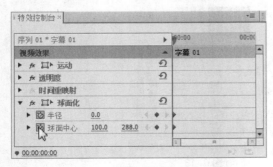

图 6-18

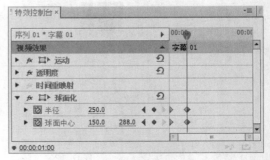

图 6-19

步骤 `4` 将时间标签放置在 2s 的位置，在"特效控制台"面板中，将"球面中心"选项设置为 500 和 288，单击"半径"选项右侧的"添加/移除关键帧"按钮，如图 6-20 所示，记录第 3 个动画关键帧。将时间标签放置在 3s 的位置，在"特效控制台"面板中，将"半径"选项设置为 0，"球面中心"选项设置为 600 和 288，如图 6-21 所示，记录第 4 个动画关键帧。

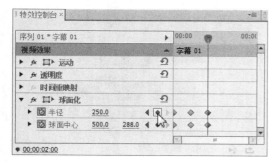

图 6-20

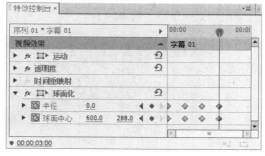

图 6-21

步骤 `5` 将时间标签放置在 0s 的位置，在"项目"面板中，选中"字幕 02"文件并将其拖曳到"时间线"面板中的"视频 3"轨道中，如图 6-22 所示。在"节目"面板中预览效果，如图 6-23 所示。

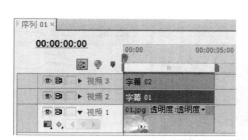

图 6-22

图 6-23

步骤 `6` 选择"序列 > 添加轨道"命令，在弹出的"添加视音轨"对话框中进行设置，如图 6-24 所示，单击"确定"按钮，在"时间线"面板中添加 2 条视频轨道，如图 6-25 所示。

图 6-24

图 6-25

步骤 7 在"项目"面板中，选中"字幕 03"和"字幕 04"文件并分别将其拖曳到"时间线"面板中的"视频 4"轨道和"视频 5"轨道中，如图 6-26 所示。化妆品广告制作完成，如图 6-27 所示。

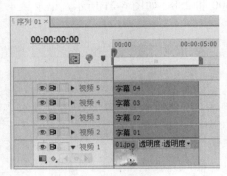

图 6-26

图 6-27

6.1.3 【相关知识】

1. "字幕"编辑面板概述

Premiere Pro CS6 提供了一个专门用来创建及编辑字幕的"字幕"编辑面板，如图 6-28 所示，所有文字编辑及处理都是在该面板中完成的。其功能非常强大，不仅可以创建各种各样的文字效果，而且能够绘制各种图形，这为用户的文字编辑工作提供很大的方便。

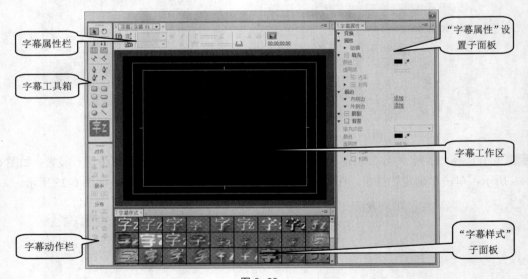

图 6-28

Premiere Pro CS6 的"字幕"面板主要由字幕属性栏、字幕工具箱、字幕动作栏、"字幕属性"设置子面板、字幕工作区和"字幕样式"子面板 6 个部分组成。

2. 字幕属性栏

字幕属性栏主要用于设置字幕的运动类型、字体、加粗、斜体、下划线等，如图 6-29 所示。

中等职业教育数字艺术类规划教材

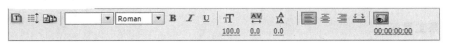

图 6-29

"基于当前字幕新建"按钮 ：单击该按钮，将弹出图 6-30 所示的对话框，在该对话框中可以为字幕文件重新命名。

"滚动/游动选项"按钮 ：单击该按钮，将弹出"滚动/游动选项"对话框，如图 6-31 所示，在该对话框中可以设置字幕的运动类型。

图 6-30

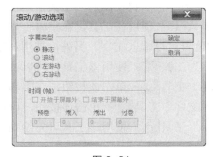

图 6-31

"字体"列表 ：在此下拉列表中可以选择字体。

"字体样式"列表 Regular ：在此下拉列表中可以设置字形。

"粗体"按钮 **B**：单击该按钮，可以将当前选中的文字加粗。

"斜体"按钮 *I*：单击该按钮，可以将当前选中的文字倾斜。

"下划线"按钮 U：单击该按钮，可以为文字设置下划线。

"左对齐"按钮 ：单击该按钮，将所选对象进行左边对齐。

"居中"按钮 ：单击该按钮，将所选对象进行居中对齐。

"右对齐"按钮 ：单击该按钮，将所选对象进行右边对齐。

"制表符设置"按钮 ：单击该按钮，将弹出图 6-32 所示的对话框，该对话框中各个按钮的主要功能如下。

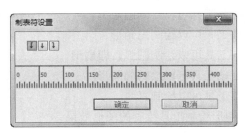

图 6-32

（1）"左对齐制作符"按钮 ：字符的最左侧都在此处对齐。

（2）"居中对齐制作符"按钮 ：字符一分为二，字符串的中间位置就是这个制表符的位置。

（3）"右对齐制作符"按钮 ：字符的最右侧都在此处对齐。

在对话框中可以通过单击刻度尺上方的浅灰色区域来添加制表符。

"显示背景视频"按钮 ：显示当前时间指针所处的位置，可以在时间码的位置输入一个有效的时间值，调整当前显示画面。

中
等
职
业
教
育
数
字
艺
术
类
规
划
教
材

3. 字幕工具箱

字幕工具箱提供了一些制作文字与图形的常用工具，如图 6-33 所示。利用这些工具，可以为影片添加标题及文本、绘制几何图形等。

"选择"工具 ：用于选择某个对象或文字。选中某个对象后，在对象的周围会出现带有 8 个控制手柄的矩形，拖曳控制手柄可以调整对象的大小和位置。

"旋转"工具 ：用于对所选对象进行旋转操作。使用旋转工具时，必须先使用选择工具选中对象，然后再使用旋转工具，单击并按住鼠标拖曳即可旋转对象。

"输入"工具 ：使用该工具，在字幕工作区中单击时，会出现文字输入光标，在光标闪烁的位置可以输入文字。另外，使用该工具也可以对输入的文字进行修改。

"垂直文字"工具 ：使用该工具，可以在字幕工作区中输入垂直文字。

"区域文字"工具 ：单击该按钮，在字幕工作区中可以拖曳出文本框。

"垂直区域文字"工具 ：单击该按钮，可在字幕工作区中拖曳出垂直文本框。

图 6-33

"路径文字"工具 ：使用该工具可先绘制一条路径，然后输入文字，且输入的文字垂直于路径。

"垂直路径文字"工具 ：使用该工具可先绘制一条路径，然后输入文字，且输入的文字平行于路径。

"钢笔"工具 ：用于创建路径或调整使用平行或垂直路径工具所输入文字的路径。将钢笔工具置于路径的定位点或手柄上，可以调整定位点的位置和路径的形状。

"删除定位点"工具 ：用于在已创建的路径上删除定位点。

"添加定位点"工具 ：用于在已创建的路径上添加定位点。

"转换定位点"工具 ：用于调整路径的形状，将平滑定位点转换为角定位点，或将角定位点转换为平滑定位点。

"矩形"工具 ：使用该工具可以绘制矩形。

"圆角矩形"工具 ：使用该工具可以绘制圆角矩形。

"切角矩形"工具 ：使用该工具可以绘制切角矩形。

"圆矩形"工具 ：使用该工具可以绘制圆矩形。

"楔形"工具 ：使用该工具可以绘制三角形。

"弧形"工具 ：使用该工具可以绘制圆弧，即扇形。

"椭圆形"工具 ：使用该工具可以绘制椭圆形。

"直线"工具 ：使用该工具可以绘制直线。

图 6-34 所示为使用各个图形绘制工具绘制的图形效果。

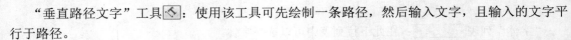

提 示 在绘制图形时，可以根据需要结合使用 Shift 键，这样可以快捷地绘制出需要的图形。例如，使用矩形工具，按住 Shift 键可以绘制正方形；使用椭圆形工具，按住 Shift 键可以绘制圆形。

在绘制的图形上单击鼠标右键，将弹出图 6-35 所示的快捷菜单，在"图形类型"子菜单中单击相应的命令，即可在各种图形之间转换，甚至可以将不规则的图形转换成规则的图形。

图 6-34

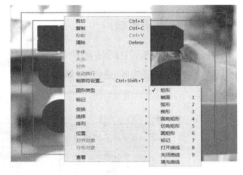
图 6-35

4. 字幕动作栏

字幕动作栏中的各个按钮主要用于快速地排列或者分布文字，如图 6-36 所示。

"水平靠左"按钮：以选中的文字或图形左垂直线为基准对齐。

"垂直靠上"按钮：以选中的文字或图形顶部水平线为基准对齐。

"水平居中"按钮：以选中的文字或图形垂直中心线为基准对齐。

"垂直居中"按钮：以选中的文字或图形水平中心线为基准对齐。

"水平靠右"按钮：以选中的文字或图形右垂直线为基准对齐。

"垂直靠下"按钮：以选中的文字或图形底部水平线为基准对齐。

"垂直居中"按钮：使选中的文字或图形在屏幕垂直居中。

"水平居中"按钮：使选中的文字或图形在屏幕水平居中。

"水平靠左"按钮：以选中的文字或图形的左垂直线来分布文字或图形。

"垂直靠上"按钮：以选中的文字或图形的顶部线来分布文字或图形。

图 6-36

"水平居中"按钮：以选中的文字或图形的垂直中心来分布文字或图形。

"垂直居中"按钮：以选中的文字或图形的水平中心来分布文字或图形。

"水平靠右"按钮：以选中的文字或图形的右垂直线来分布文字或图形。

"垂直靠下"按钮：以选中的文字或图形的底部线来分布文字或图形。

"水平等距间隔"按钮：以屏幕的垂直中心线来分布文字或图形。

"垂直等距间隔"按钮：以屏幕的水平中心线来分布文字或图形。

5. 字幕工作区

字幕工作区是制作字幕和绘制图形的工作区，它位于"字幕"编辑面板的中心，在工作区中有两个白色的矩形线框，其中内线框是字幕安全框，外线框是字幕动作安全框。如果文字或者图像放置在动作安全框之外，那么一些 NTSC 制式的电视中这部分内容将不会被显示出来，即使能够显示，很可能会出现模糊或者变形现象，因此，在创建字幕时最好将文字和图像放置在安全框之内。

如果字幕工作区中没有显示安全区域线框，可以通过以下两种方法显示安全区域线框。

① 在字幕工作区中单击鼠标右键，在弹出的快捷菜单中选择"查看 > 字幕安全框"命令即可。

② 选择"字幕 > 查看 > 字幕安全框"命令。

6. "字幕样式"子面板

在 Premiere Pro CS6 中，使用"字幕样式"子面板可以制作出令人满意的字幕效果。"字幕样式"子面板位于"字幕"编辑面板的中下部，其中包含了各种已经设置好的文字效果和多种字体效果，如图 6-37 所示。

图 6-37

如果要为一个对象应用预设的风格效果，只需选中该对象，然后在"字幕样式"子面板中单击要应用的风格效果即可，如图 6-38 和图 6-39 所示。

图 6-38

图 6-39

7. "字幕属性"设置子面板

在字幕工作区中输入文字后，可在位于"字幕"编辑面板右侧的"字幕属性"设置子面板中设置文字的具体属性参数，如图 6-40 所示。"字幕属性"设置子面板分为 6 个部分，分别为"变换""属性""填充""描边""阴影"和"背景"，各个部分主要作用如下。

"变换"选项组：可以设置对象的位置、高度、宽度、旋转角度以及透明度等相关的属性。

"属性"选项组：可以设置对象的一些基本属性，如文本的大小、字体、字间距、行间距、字形等相关的属性。

"填充"选项组：可以设置文本或者图形对象的颜色和纹理。

"描边"选项组：可以设置文本或者图形对象的边缘，使边缘与文本或者图形主体呈现不同的颜色。

"阴影"选项组：可以为文本或者图形对象设置各种阴影属性。

"背景"选项组：设置字幕的背景色及背景色的各种属性。

8. 创建水平或垂直排列文字

打开"字幕"编辑面板后，可以根据需要，利用字幕工具箱中的输入工具和垂直文字工具创建水平排列或者垂直排列的字幕文字，其具体操作步骤如下。

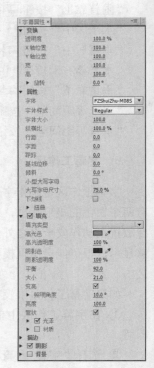

图 6-40

步骤　1　在字幕工具箱中选择"输入"工具 T 或"垂直文字"工具 T。

步骤　2　在"字幕"编辑面板的字幕工作区中单击并输入文字即可，如图 6-41 和图 6-42 所示。

图 6-41

图 6-42

9. 创建路径文字

利用字幕工具箱中的平行或者垂直路径工具可以创建路径文字，具体操作步骤如下。

步骤　1　在字幕工具箱中选择"路径文字"工具 或"垂直路径文字"工具 。

步骤　2　移动鼠标指针到"字幕"编辑面板的字幕工作区中，此时，鼠标指针变为钢笔状，然后在需要输入的位置单击。

步骤　3　将鼠标移动到另一个位置再次单击，此时会出现一条曲线，即文本路径。

步骤　4　选择文字输入工具（任何一种都可以），在路径上单击并输入文字即可，如图 6-43 和图 6-44 所示。

图 6-43

图 6-44

10. 创建段落字幕文字

利用字幕工具箱中的文本框工具或垂直文本框工具可以创建段落文本，其具体操作步骤如下。

步骤　1　在字幕工具箱中选择"区域文字"工具 或"垂直区域文字"工具 。

步骤　2　移动鼠标指针到"字幕"编辑面板的字幕工作区中，单击鼠标并按住左键不放，从左上角向右下角拖曳出一个矩形框，然后输入文字，效果如图 6-45 和图 6-46 所示。

图 6-45

图 6-46

中等职业教育数字艺术类规划教材

6.1.4 【实战演练】——制作球面效果

使用"字幕"命令，添加标题文字；使用"彩色浮雕"特效，制作文字突出效果；使用"球面化"特效，制作文字球面效果。最终效果参看云盘中的"Ch06\球面化文字\球面化文字.prproj"，如图 6-47 所示。

扫码观看本案例视频

图 6-47

6.2 制作金属文字效果

6.2.1 【训练目标】

使用"导入"命令，导入素材文件；使用"字幕"命令，创建字幕；使用"运动"选项组，改变文字的位置、缩放和旋转；使用"透明度"选项，改变文字的不透明度效果；使用"渐变""斜面 Alpha""RGB 曲线"和"Alpha 辉光"特效，为文字添加金属效果。最终效果参看云盘中的"Ch06\浩瀚宇宙\浩瀚宇宙.prproj"，如图 6-48 所示。

图 6-48

6.2.2 【案例操作】

1. 导入素材并创建字幕

步骤 1 启动 Premiere Pro CS6 软件，弹出"欢迎使用 Adobe Premiere Pro"欢迎界面，单击"新建项目"按钮 ，弹出"新建项目"对话框，设置"位置"选项，选择保存文件路径，在"名称"文本框中输入文件名"浩瀚宇宙"，如图 6-49 所示。单击"确定"按钮，弹出"新建序列"对话框，在左侧的列表中展开"DV-PAL"选项，选中"标准 48kHz"模式，如图 6-50 所示，单击"确定"按钮完成序列的创建。

扫码观看本案例视频01

步骤 2 选择"文件 > 导入"命令，弹出"导入"对话框，选择云盘中的"Ch06\浩瀚宇宙\素材\01"文件，单击"打开"按钮，将素材文件导入到"项目"面板中，如图 6-51 所示。

步骤 3 在"项目"面板中，选中"01"文件并将其拖曳到"时间线"面板中的"视频 1"轨道中，弹出"素材不匹配警告"对话框，单击"保持现有设置"按钮，将"01"文件放置在"视频 1"轨道中，如图 6-52 所示。

图 6-49

图 6-50

图 6-51

图 6-52

步骤　4　将时间标签放置在 5s 的位置，如图 6-53 所示，在"视频 1"轨道上选中"01"文件，将鼠标指针放在"01"文件的结束位置，当鼠标指针呈 ◀ 状时，向左拖曳指针到 5s 的位置上，如图 6-54 所示。

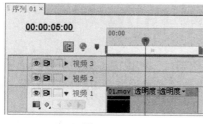

图 6-53

图 6-54

步骤　5　将时间标签放置在 0s 的位置。选择"文件 > 新建 > 字幕"命令，弹出"新建字幕"对话框，如图 6-55 所示，单击"确定"按钮，弹出字幕编辑面板，选择"输入"工具 T，在字幕工作区中输入"浩瀚宇宙"，在"字幕属性"子面板中选择需要的字体并填充需要的颜色，如图 6-56 所示。关闭字幕编辑面板，新建的字幕文件自动保存到"项目"面板中。

图 6-55

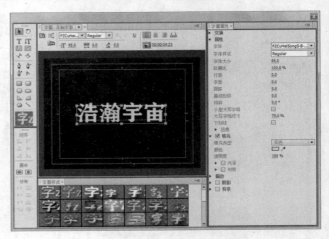

图 6-56

2. 制作文字动画 1

步骤 1 在"项目"面板中，选中"字幕 01"文件并将其拖曳到"时间线"面板中的"视频 2"轨道中，如图 6-57 所示。

步骤 2 选择"特效控制台"面板，展开"运动"选项，将"位置"选项设置为 545 和－71，"缩放比例"选项设置为 20，"旋转"选项设置为 30，分别单击"位置""缩放比例"和"旋转"选项左侧的"切换动画"按钮，如图 6-58 所示，记录第 1 个动画关键帧。

扫码观看
本案例视频02

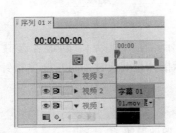

图 6-57

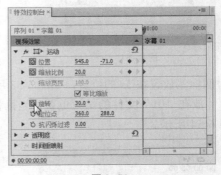

图 6-58

步骤 3 将时间标签放置在 1s 的位置，在"特效控制台"面板中，将"位置"选项设置为 360 和 287，"缩放比例"选项设置为 100，"旋转"选项设置为 0，如图 6-59 所示，记录第 2 个动画关键帧。

步骤 4 将时间标签放置在 4s 的位置，在"特效控制台"面板中，分别单击"位置""缩放比例"和"旋转"选项右侧的"添加/移除关键帧"按钮，如图 6-60 所示，记录第 3 个动画关键帧。

步骤 5 在"特效控制台"面板，展开"透明度"选项，单击"透明度"选项右侧的"添加/移除关键帧"按钮，如图 6-61 所示，记录第 1 个动画关键帧。将时间标签放置在 5s 的位置，在"特效控制台"面板中，将"透明度"选项设置为 0，如图 6-62 所示，记录第 2 个动画关键帧。

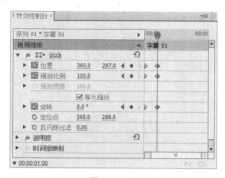

图 6-59

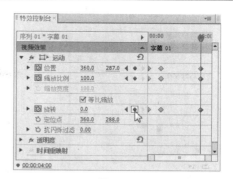

图 6-60

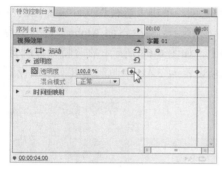

图 6-61

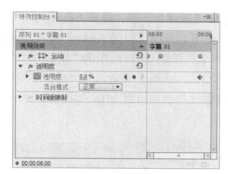

图 6-62

3. 制作文字动画 2

步骤 1 将时间标签放置在 1s 的位置，选择"窗口 > 效果"命令，弹出"效果"面板，展开"视频特效"分类选项，单击"生成"文件夹前面的三角形按钮▶将其展开，选中"渐变"特效，如图 6-63 所示。将"渐变"特效拖曳到"时间线"面板"视频 2"轨道中的"字幕 01"文件上，如图 6-64 所示。

扫 码 观 看
本案例视频03

步骤 2 在"特效控制台"面板，展开"渐变"特效，将"渐变起点"选项设置为 320 和 170，"起始颜色"设置为橘黄色（其 R、G、B 的值分别为 255、156、0），"渐变终点"选项设置为 427 和 350，"结束颜色"设置为红色（其 R、G、B 的值分别为 255、0、0），分别单击"渐变起点"和"渐变终点"选项左侧的"切换动画"按钮▣，如图 6-65 所示，记录第 1 个动画关键帧。

步骤 3 将时间标签放置在 4s 的位置，在"特效控制台"面板中，将"渐变起点"选项设置为 450 和 134，"渐变终点"选项设置为 260 和 346，如图 6-66 所示，记录第 2 个动画关键帧。

图 6-63

图 6-64

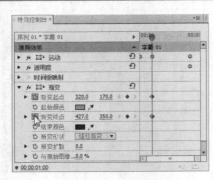

图 6-65　　　　　　　　　　图 6-66

步骤 4 在"效果"面板，展开"视频特效"分类选项，单击"透视"文件夹前面的三角形按钮▶将其展开，选中"斜面 Alpha"特效，如图 6-67 所示。将"斜面 Alpha"特效拖曳到"时间线"面板"视频 2"轨道中的"字幕 01"文件上，如图 6-68 所示。在"特效控制台"面板中，展开"斜面 Alpha"特效，将"边缘厚度"选项设置为 3.41，"照明角度"选项设置为 310.6，"照明强度"选项设置为 1，如图 6-69 所示。

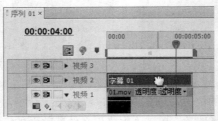

图 6-67　　　　　　　　图 6-68　　　　　　　　图 6-69

步骤 5 在"效果"面板，展开"视频特效"分类选项，单击"色彩校正"文件夹前面的三角形按钮▶将其展开，选中"RGB 曲线"特效，如图 6-70 所示。将"RGB 曲线"特效拖曳到"时间线"面板"视频 2"轨道中的"字幕 01"文件上，如图 6-71 所示。在"特效控制台"面板，展开"RGB 曲线"特效并进行参数设置，如图 6-72 所示。

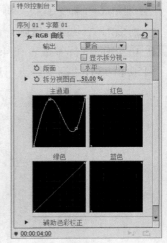

图 6-70　　　　　　　　图 6-71　　　　　　　　图 6-72

步骤 6 在"效果"面板，展开"视频特效"分类选项，单击"风格化"文件夹前面的三角形按钮▶将其展开，选中"Alpha 辉光"特效，如图 6-73 所示。将"Alpha 辉光"特效拖曳到"时间线"面板"视频 2"轨道中的"字幕 01"文件上，如图 6-74 所示。

图 6-73

图 6-74

步骤 7 将时间标签放置在 1s 的位置，在"特效控制台"面板，展开"Alpha 辉光"特效，将"发光"选项设置为 0，"亮度"选项设置为 216，单击"发光"选项左侧的"切换动画"按钮，如图 6-75 所示，记录第 1 个动画关键帧。将时间标签放置在 4s 的位置，在"特效控制台"面板中，将"发光"选项设置为 26，如图 6-76 所示，记录第 2 个动画关键帧。

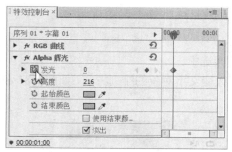

图 6-75

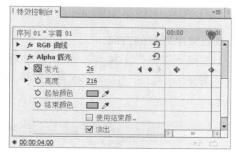

图 6-76

步骤 8 浩瀚宇宙制作完成。

6.2.3 【相关知识】

1. 编辑字幕文字

◎ **文字对象的选择与移动**

步骤 1 选择"选择"工具，将鼠标指针移动至字幕工作区，单击要选择的字幕文本即可将其选中，此时在字幕文字的四周将出现带有 8 个控制点的矩形框，如图 6-77 所示。

步骤 2 在字幕文字处于选中的状态下，将鼠标指针移动至矩形框内，单击鼠标并按住左键不放进行拖曳即可实现文字对象的移动，如图 6-78 所示。

◎ **文字对象的缩放和旋转**

步骤 1 选择"选择"工具，单击文字对象将其选中。

步骤 2 将鼠标指针移至矩形框的任意一个点，当鼠标指针呈、或状时，单击并按住鼠标右键拖曳即可实现缩放。如果按住 Shift 键的同时拖曳鼠标，可以等比例缩放，如图 6-79 所示。

步骤 3 在文字处于选中的情况下选择"旋转"工具，将鼠标指针移动至工作区，单击鼠标并按住左键拖曳即可实现旋转操作，如图 6-80 所示。

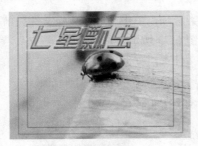

七星瓢虫

图 6-77

七星瓢虫

图 6-78

七星瓢虫

图 6-79

七星瓢虫

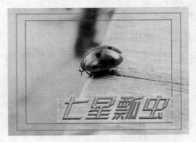

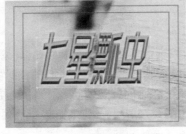

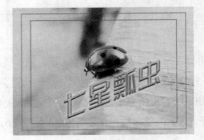

图 6-80

◎ **改变文字对象的方向**

步骤 1 选择“选择”工具，单击文字对象将其选中。

步骤 2 选择“字幕 > 方向 > 垂直”命令，即可改变文字对象的排列方向，如图 6-81 和图 6-82 所示。

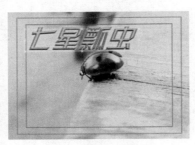

七星瓢虫

图 6-81

七
星
瓢
虫

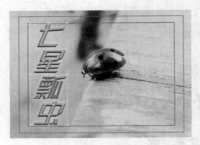

图 6-82

2. 设置字幕属性

通过“字幕属性”子面板，用户可以非常方便地对字幕文字进行修饰，包括调整其位置、透明度、文字的字体、字号、颜色和为文字添加阴影等。

◎ **变换设置**

在“字幕属性”子面板的“变换”选项组中可以对字幕文字或图形的透明度、位置、高度、宽度以及旋转等属性进行操作，如图 6-83 所示。

▼ 变换
透明度 100.0 %
X 轴位置 100.0
Y 轴位置 100.0
宽 100.0
高 100.0
▶ 旋转 0.0 °

图 6-83

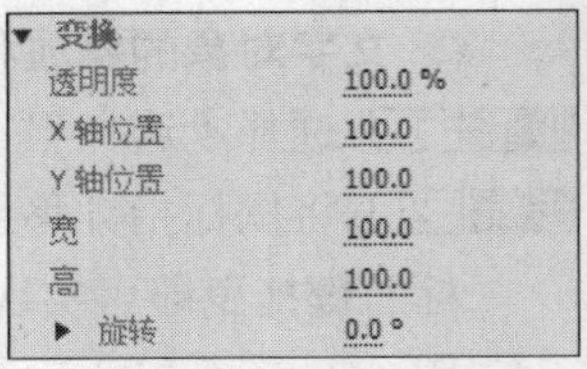

“透明度”选项：设置字幕文字或图形对象的不透明度。

“X 轴位置”选项/“Y 轴位置”选项：设置文字在画面中所处的位置。

“宽”选项/“高”选项：设置文字的宽度/高度。

"旋转"选项：设置文字旋转的角度。

◎ **属性设置**

在"字幕属性"子面板的"属性"选项组中可以对字幕文字的字体、字体的尺寸、外观以及字距、扭曲等一些基本属性进行设置，如图 6-84 所示。

图 6-84

"字体"选项：在此选项右侧的下拉列表中可以选择字体。

"字体样式"选项：在此选项右侧的下拉列表中可以设置字体类型。

"字体大小"选项：设置文字的大小。

"纵横比"选项：设置文字在水平方向上进行比例缩放。

"行距"选项：设置文字的行间距。

"字距"选项：设置相邻文字之间的水平距离。

"跟踪"选项：其功能与"字距"类似，两者的区别是对选择的多个字符进行字间距的调整，"字距"选项会保持选择的多个字符的位置不变，向右平均分配字符间距，而"跟踪"选项会平均分配所选择的每一个相邻字符的位置。

"基线位移"选项：设置文字偏离水平中心线的距离，主要用于创建文字的上标和下标。

"倾斜"选项：设置文字的倾斜程度。

"小型大写字母"选项：勾选该复选框，可以将所选的小写字母变成大写字母。

"大写字母尺寸"选项：该选项配合"大写字母"选项使用，可以将显示的大写字母放大或缩小。

"下划线"选项：勾选此复选框，可以为文字添加下划线。

"扭曲"选项：用于设置文字在水平或垂直方向的变形。

◎ **填充设置**

在"字幕属性"子面板的"填充"选项组中主要用于设置字幕文字或者图形的填充类型、色彩和透明度等属性，如图 6-85 所示。

图 6-85

"填充类型"选项：单击该选项右侧的下拉按钮，在弹出的下拉列表中可以选择需要填充的类型，共有 7 种方式。

① "填充类型"选项：使用一种颜色进行填充，这是系统默认的填充方式。

② "线性渐变"选项：使用两种颜色进行线性渐变填充。当选择该选项进行填充时，"颜色"选项变为渐变颜色栏，分别单击选择一个颜色块，再单击"色彩到色彩"选项颜色块，在弹出的对话框中对渐变开始和渐变结束的颜色进行设置。

③ "放射渐变"选项：该填充方式与"线性渐变"类似，不同之处是"线性渐变"使用两种颜色的线性过渡进行填充，而"放射渐变"则在使用两种颜色填充后产生由中心向四周辐射的过渡。

④ "4 色渐变"选项：该填充方式使用 4 种颜色的渐变过渡来填充字幕文字或者图形，每种颜色占据文本的一个角。

⑤ "斜面"选项：该填充方式使用一种颜色填充高光部分，另一种颜色填充阴影部分，再通过添加灯光应用使文字产生斜面，效果类似于立体浮雕。

⑥ "消除"选项：该填充方式是将文字的实体填充的颜色消除，文字为完全透明。如果为文字添加了描边，采用该方式填充，则可以制作空心的线框文字效果；如果为文字设置了阴影，选

择该方式，则只能留下阴影的边框。

⑦ "残像"选项：该填充方式使填充区域变为透明，只显示阴影部分。

"光泽"选项：该选项用于为文字添加辉光效果。

"材质"选项：使用该选项可以为字幕文字或者图形添加纹理效果，以增强文字或者图形的表现力。纹理填充的图像可以是位图，也可以是矢量图。

◎ 描边设置

"描边"选项组主要用于设置文字或者图形的描边效果，包括内部笔画和外部笔画，如图 6-86 所示。

用户可以选择使用"内侧边"或"外侧边"，或者两者一起使用。应用描边效果，首先单击"添加"选项，再添加需要的描边效果。两种描边效果的参数选项基本相同。

应用描边效果后，可以在"类型"下拉列表中选择描边模式。

"深度"选项：选择该选项，可以在"大小"选项参数中设置边缘的宽度，在"颜色"选项参数中设定边缘的颜色，在"透明度"选项参数中设置描边的不透明度，在"填充类型"选项下拉列表中选择描边的填充方式。

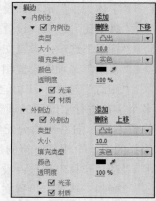

图 6-86

"凸出"选项：选择该选项，可以使字幕文字或图形产生一个厚度，呈现立体字的效果。

"凹进"选项：选择该选项，可以使字幕文字或图形产生一个分离的面，类似于产生透视的投影。

◎ 阴影设置

"阴影"选项组用于添加阴影效果，如图 6-87 所示。

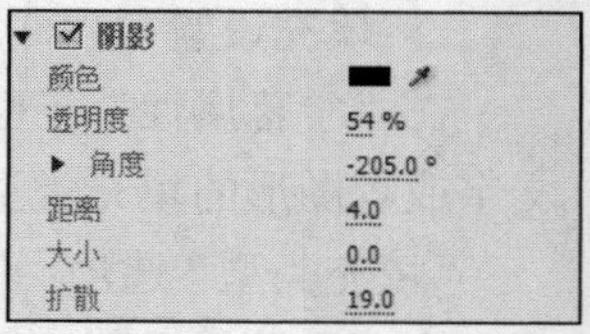

"颜色"选项：设置阴影的颜色。单击该选项右侧的颜色块，在弹出的对话框中可以选择需要的颜色。

"透明度"选项：设置阴影的不透明度。

"角度"选项：设置阴影的角度。

"距离"选项：设置文字与阴影之间的距离。

"大小"选项：设置阴影的大小。

"扩散"选项：设置阴影的扩展程度。

图 6-87

3. 绘制图形

在字幕上添加一些图形，可以起到修饰的作用。使用"字幕"编辑面板字幕工具箱中的绘图工具，能够快捷地创建一些简单的图形。

使用绘图工具绘制图形的具体操作步骤如下。

步骤 1 创建一个字幕文件，选择"矩形"工具▢，在字幕工作区中单击并按住鼠标拖曳，即可绘制一个矩形，如图 6-88 所示。

步骤 2 将鼠标指针移至矩形的右下角处，当指针呈双向箭头时，单击并按住鼠标左键拖曳，可以随意改变矩形的长度和宽度，如图 6-89 所示。

步骤 3 在"字幕属性"子面板中展开"描边"选项组，单击"内侧边"选项右侧的"添加"选项，展开参数选项，并设置相关的参数，如图 6-90 所示。为矩形添加描边效果，如图 6-91 所示。

图 6-88

图 6-89

图 6-90

图 6-91

步骤 4 选择"椭圆形"工具 ，按住 Shift 键的同时拖曳鼠标，在字幕工作区中绘制一个圆形，取消描边效果，如图 6-92 所示。

步骤 5 在"字幕属性"子面板中展开"填充"选项组，将填充色设为青色（其 R、G、B 的值分别为 0、162、255），填充图形，效果如图 6-93 所示。

图 6-92

图 6-93

步骤 6 在圆形上单击鼠标右键，在弹出的快捷菜单中选择"位置 > 水平居中"命令，使圆形在字幕工作区中水平居中对齐，效果如图 6-94 所示。

步骤 7 再次在圆形上单击鼠标右键，在弹出的快捷菜单中选择"排列 > 放到最底层"命令，使圆形移动到矩形下面，效果如图 6-95 所示。

步骤 8 选择"选择"工具 ，选取矩形，在"字幕属性"子面板的"变换"选项组中设置"透明度"选项值为 50，图形效果如图 6-96 所示。

图 6-94

图 6-95

图 6-96

4. 插入标志

在影视制作过程中，有时需要在影视作品中插入一些特定的标志，Premiere Pro CS6 也提供了这种功能。在 Premiere Pro CS6 中插入标志有两种方法，下面简要地介绍插入标志的操作方法。

◎ 将标志导入到"字幕"编辑面板

将标志导入到"字幕"编辑面板的具体操作步骤如下。

步骤 1 按 Ctrl+T 组合键，新建一个字幕文件。

步骤 2 选择"字幕 > 标记 > 插入标记"命令，在弹出的对话框中选择需要的图标。

步骤 3 单击"打开"按钮，即可将所选的图标导入字幕工作区，如图 6-97 所示。

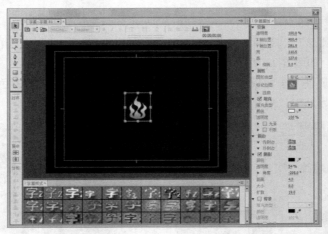

图 6-97

◎ 将标志插入到字幕文本中

将标志插入到字幕文本中的具体操作步骤如下。

步骤 1 按 Ctrl+T 组合键，新建一个字幕文件。

步骤 2 选择"输入"工具 T，在字幕工作区中单击并输入需要的文本，同时设置文字的字体、颜色等属性，效果如图 6-98 所示。

步骤 3 将鼠标指针置于要插入标志处并单击鼠标右键，在弹出的快捷菜单中选择"标记 > 插入标记到文字"命令，在弹出的对话框中选择要插入的标志文件，单击"打开"按钮，即可将所选的标志插入文本中，效果如图 6-99 所示。

图 6-98

图 6-99

6.2.4　【实战演练】——制作节目片头

使用"缩放比例"选项，改变图像的大小；使用"字幕"命令，创建字幕；使用"位置"选项和"透明度"选项，制作文字动画效果。最终效果参看云盘中的"Ch06\节目片头\节目片头.prproj"，如图 6-100 所示。

图 6-100

6.3 / 制作滚动文字效果

6.3.1　【训练目标】

使用"导入"命令，导入素材文件；使用"字幕"命令，创建字幕；使用"滚动/游动选项"按钮，制作滚动文字效果。最终效果参看云盘中的"Ch06\滚动字幕\滚动字幕.prproj"，如图 6-101 所示。

6.3.2　【案例操作】

步骤 1 启动 Premiere Pro CS6 软件，弹出

图 6-101

"欢迎使用 Adobe Premiere Pro"欢迎界面，单击"新建项目"按钮 ，弹出"新建项目"对话框，设置"位置"选项，选择保存文件路径，在"名称"文本框中输入文件名"滚动字幕"，如图 6-102 所示。单击"确定"按钮，弹出"新建序列"对话框，在左侧的列表中展开"DV-PAL"选项，选中"标准 48kHz"模式，如图 6-103 所示，单击"确定"按钮完成序列的创建。

图 6-102   图 6-103

步骤 **2** 选择"文件 > 导入"命令，弹出"导入"对话框，选择云盘中的"Ch06\滚动字幕\素材\01"文件，单击"打开"按钮，将素材文件导入到"项目"面板中，如图 6-104 所示。

步骤 **3** 在"项目"面板中，选中"01"文件并将其拖曳到"时间线"面板中的"视频 1"轨道中，如图 6-105 所示。

图 6-104   图 6-105

步骤 **4** 将时间标签放置在 11:04s 的位置，如图 6-106 所示，在"视频 1"轨道上选中"01"文件，将鼠标指针放在"01"文件的结束位置，当鼠标指针呈 ➡ 状时，向右拖曳指针到 11:04s 的位置上，如图 6-107 所示。

图 6-106   图 6-107

步骤 5 将时间表标签放置在 0s 的位置，选择"文件 > 新建 > 字幕"命令，弹出"新建字幕"对话框，如图 6-108 所示，单击"确定"按钮，弹出字幕编辑面板，选择"输入"工具 T，在字幕工作区中输入文字，在"字幕属性"子面板中选择需要的字体并填充需要的颜色，如图 6-109 所示。

图 6-108

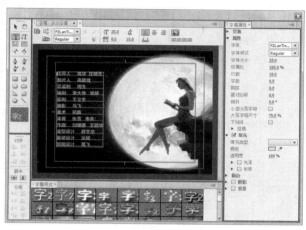

图 6-109

步骤 6 单击"滚动/游动选项"按钮 ，在弹出的"滚动/游动选项"对话框中进行设置，如图 6-110 所示，单击"确定"按钮，完成滚动字幕的设置。关闭字幕编辑面板，新建的字幕文件自动保存到"项目"面板中，如图 6-111 所示。

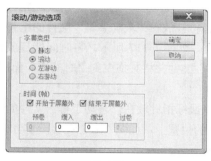

图 6-110

图 6-111

步骤 7 按 Ctrl+T 组合键，弹出"新建字幕"对话框，如图 6-112 所示，单击"确定"按钮，弹出字幕编辑面板，选择"输入"工具 T，在字幕工作区中输入文字，在"字幕属性"子面板中选择需要的字体并填充需要的颜色，如图 6-113 所示。

步骤 8 单击"滚动/游动选项"按钮 ，在弹出的"滚动/游动选项"对话框中进行设置，如图 6-114 所示，单击"确定"按钮，完成滚动字幕的设置。关闭字幕编辑面板，新建的字幕文件自动保存到"项目"面板中，如图 6-115 所示。

步骤 9 在"项目"面板中，选中"滚动字幕"文件并将其拖曳到"时间线"面板的"视频 2"轨道中，如图 6-116 所示。

图 6-112

图 6-113

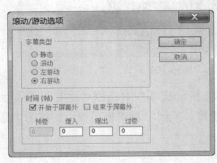

图 6-114

图 6-115

图 6-116

步骤 [10] 将时间标签放置在 7s 的位置，将鼠标指针放在"滚动字幕"文件的结束位置，当鼠标指针呈 ▶ 状时，向右拖曳指针到 7s 的位置上，如图 6-117 所示。将时间标签放置在 4:04s 的位置。在"项目"面板中，选中"游走字幕"文件并将其拖曳到"时间线"面板中的"视频 3"轨道中，如图 6-118 所示。

步骤 [11] 将时间标签放置在 11:04s 的位置，将鼠标指针放在"游动字幕"文件的结束位置，当鼠标指针呈 ▶ 状时，向右拖曳指针到 11:04s 的位置上，如图 6-119 所示。滚动字幕制作完成。

图 6-117

图 6-118

图 6-119

6.3.3 【相关知识】

1. 制作垂直滚动字幕

制作垂直滚动字幕的具体操作步骤如下。

步骤 1 启动 Premiere Pro CS6 软件，在"项目"面板中导入素材并将其添加到"时间线"面板中的视频轨道上。

步骤 2 选择"字幕 > 新建字幕 > 默认静态字幕"命令，在弹出的"新建字幕"对话框中设置字幕的名称，单击"确定"按钮，打开"字幕"编辑面板，如图 6-120 所示。

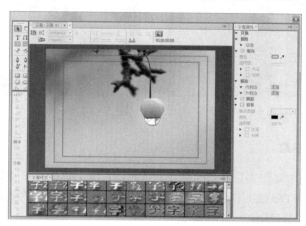

图 6-120

步骤 3 选择"输入"工具 T，在字幕工作区中单击并按住鼠标拖曳出一个文字输入的范围框，然后输入文字内容并对文字属性进行相应的设置，效果如图 6-121 所示。

步骤 4 单击"滚动/游动选项"按钮，在弹出的对话框中选中"滚动"单选项，在"时间（帧）"栏中勾选"开始于屏幕外"和"结束于屏幕外"复选框，其他参数的设置如图 6-122 所示。

图 6-121

图 6-122

步骤 5 单击"确定"按钮，再单击面板右上角的"关闭"按钮，关闭字幕编辑面板。返回到 Premiere Pro CS6 的工作界面，此时制作的字符将会自动保存在"项目"面板中。从"项目"面板中将新建的字幕添加到"时间线"面板的"视频 2"轨道上，并将其调整为与轨道 1 中的素材等长，如图 6-123 所示。

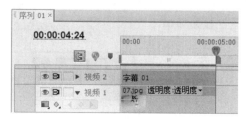

图 6-123

步骤 6 单击"节目"监视器面板下方的"播放-停止切换"按钮 ▶/■，即可预览字幕的垂直滚动效果，如图 6-124 和图 6-125 所示。

图 6-124　　　　　　　　　图 6-125

2. 制作横向滚动字幕

制作横向滚动字幕与制作垂直字幕的操作基本相同，其具体操作步骤如下。

步骤 1 启动 Premiere Pro CS6 软件，在"项目"面板中导入素材并将其添加到"时间线"面板中的视频轨道上，然后创建一个字幕文件。

步骤 2 选择"输入"工具 T，在字幕工作区中输入需要的文字并对文字属性进行相应的设置，效果如图 6-126 所示。

步骤 3 单击"滚动/游动选项"按钮 ，在弹出的对话框中选中"左游动"单选项，在"时间（帧）"栏中勾选"开始于屏幕外"和"结束于屏幕外"复选框，其他参数的设置如图 6-127 所示。

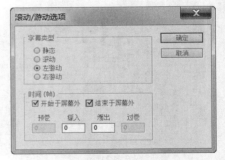

图 6-126　　　　　　　　　图 6-127

步骤 4 单击"确定"按钮，再次单击面板右上角的"关闭"按钮，关闭字幕编辑面板。返回到 Premiere Pro CS6 的工作界面，此时制作的字符将会自动保存在"项目"面板中，从"项目"面板中将新建的字幕添加到"时间线"面板的"视频 2"轨道上，如图 6-128 所示。

图 6-128

步骤 5 单击"节目"监视器面板下方的"播放-停止切换"按钮 ► / ■ ，即可预览字幕的横向滚动效果，如图 6-129 和图 6-130 所示。

图 6-129

图 6-130

6.3.4 【实战演练】——制作节目预告

使用"字幕"命令，输入文字并编辑属性；使用"滚动/游动选项"按钮，制作滚动文字效果。最终效果参看云盘中的"Ch06\节目预告\节目预告.prproj"，如图 6-131 所示。

扫码观看
本案例视频

图 6-131

6.4 综合案例——制作文字扫光效果

使用"缩放比例"选项，调整视频的大小；使用"字幕"命令，输入文字；使用"轨道遮罩键"特效，制作文字蒙版；使用"位置"选项和"缩放比例"选项，制作文字动画；使用"Shine"外部特效，制作文字扫光效果。最终效果参看云盘中的"Ch06\音乐在线\音乐在线.prproj"，如图 6-132 所示。

扫码观看
本案例视频

图 6-132

第7章　添加音频效果

本章将对音频及音频特效的应用与编辑进行介绍，重点讲解调音台、制作录音效果、添加音频特效等操作。通过本章的学习，读者应该掌握 Premiere Pro CS6 的声音特效制作。

课堂学习目标

- 掌握音频效果
- 掌握使用调音台调节音频的方法
- 掌握录音和子轨道的应用
- 掌握音频的分离与链接方法

7.1 制作音频淡入淡出效果

7.1.1 【训练目标】

使用"导入"命令，导入素材文件；使用"特效控制台"面板，调整音频的淡入淡出效果。最终效果参看云盘中的"Ch07\使用淡化器调节音频\使用淡化器调节音频.prproj"，如图7-1所示。

扫码观看
本案例视频

图 7-1

7.1.2 【案例操作】

步骤 1 启动 Premiere Pro CS6 软件，弹出"欢迎使用 Adobe Premiere Pro"欢迎界面，单击"新建项目"按钮 🖾，弹出"新建项目"对话框，设置"位置"选项，选择保存文件路径，在"名称"文本框中输入文件名"使用淡化器调节音频"，如图7-2所示。单击"确定"按钮，弹出"新建序列"对话框，在左侧的列表中展开"DV-PAL"选项，选中"标准 48kHz"模式，如图 7-3 所示，单击"确定"按钮完成序列的创建。

图 7-2

图 7-3

步骤 2 选择"文件 > 导入"命令，弹出"导入"对话框，选择云盘中的"Ch07\使用淡化器调节音频\素材\01 和 02"文件，如图 7-4 所示，单击"打开"按钮，将素材文件导入到"项目"面板中，如图 7-5 所示。

图 7-4

图 7-5

步骤 3 在"项目"面板中，选中"01"文件并将其拖曳到"时间线"面板中的"视频 1"轨道中，弹出"素材不匹配警告"对话框，单击"保持现有设置"按钮，将"01"文件放置在"视频 1"轨道中，如图 7-6 所示。在"节目"面板中预览效果，如图 7-7 所示。

步骤 4 在"项目"面板中，选中"02"文件并将其拖曳到"时间线"面板中的"音频 1"轨道中，如图 7-8 所示。选择"特效控制台"面板，展开"音量"选项，将"级别"选项设置为 -999，如图 7-9 所示，记录第 1 个动画关键帧。

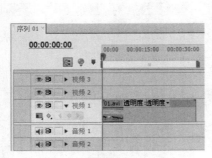

图 7-6

图 7-7

图 7-8

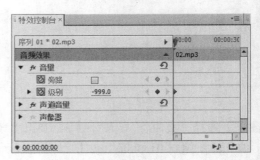

图 7-9

步骤 5 将时间标签放置在 0:21s 的位置，在"特效控制台"面板中，将"级别"选项设置为 0，如图 7-10 所示，记录第 2 个动画关键帧。将时间标签放置在 6:22s 的位置，在"特效控制台"面板中，将"级别"选项设置为 6，如图 7-11 所示，记录第 3 个动画关键帧。

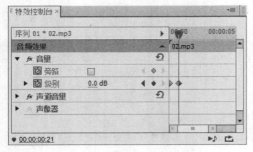

图 7-10

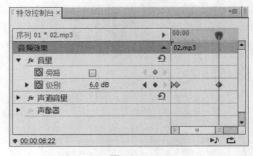

图 7-11

步骤 6 将时间标签放置在 26:10s 的位置，在"特效控制台"面板中，将"级别"选项设置为 0，如图 7-12 所示，记录第 4 个动画关键帧。将时间标签放置在 32:12s 的位置，在"特效控制台"面板中，将"级别"选项设置为 5.7，如图 7-13 所示，记录第 5 个动画关键帧。

步骤 7 将时间标签放置在 34:21s 的位置，在"特效控制台"面板中，将"级别"选项设置为-999，如图 7-14 所示，记录第 6 个动画关

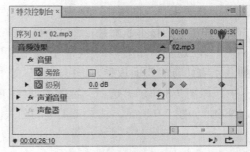

图 7-12

键帧。使用淡化器调节音频制作完成。

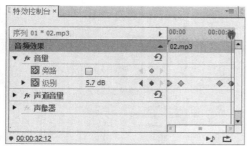

图 7-13

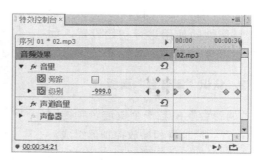

图 7-14

7.1.3 【相关知识】

1. 关于音频效果

Premiere Pro CS6 音频改进后功能十分强大，不仅可以编辑音频素材、添加音效、单声道混音、制作立体声和 5.1 环绕声，还可以使用"时间线"面板进行音频的合成工作。

在 Premiere Pro CS6 中可以很方便地处理音频，同时还提供了一些处理方法，如声音的摇摆和声音的渐变等。

在 Premiere Pro CS6 中对音频素材进行处理主要有以下 3 种方式。

① 在"时间线"面板的音频轨道上通过修改关键帧的方式对音频素材进行操作，如图 7-15 所示。

图 7-15

② 使用菜单命令中相应的命令来编辑所选的音频素材，如图 7-16 所示。

③ 在"效果"面板中为音频素材添加"音频特效"来改变音频素材的效果，如图 7-17 所示。

图 7-16

图 7-17

选择"编辑 > 首选项 > 音频"命令，弹出"首选项"对话框，可以对音频素材属性的使用进行初始设置，如图 7-18 所示。

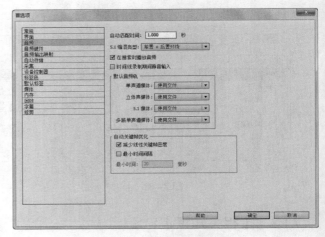

图 7-18

2. 认识"调音台"面板

"调音台"由若干个轨道音频控制器、主音频控制器和播放控制器组成，每个控制器使用控制按钮和调节滑杆调节音频。

◎ **轨道音频控制器**

"调音台"中的轨道音频控制器用于调节其相对轨道上的音频对象，控制器 1 对应"音频 1"、控制器 2 对应"音频 2"，以此类推。轨道音频控制器的数目由"时间线"面板中的音频轨道数目决定，当在"时间线"面板中添加音频时，"调音台"面板中将自动添加一个轨道音频控制器与其对应。

轨道音频控制器由控制按钮、调节滑轮及调节滑杆组成。

（1）控制按钮。轨道音频控制器中的控制按钮可以设置音频调节时的调节状态，如图 7-19 所示。

单击"静音轨道"按钮 M ，该轨道音频设置为静音状态。

单击"独奏轨"按钮 S ，其他未选中独奏按钮的轨道音频会自动设置为静音状态。

激活"激活录制轨"按钮 R ，可以利用输入设备将声音录制到目标轨道上。

（2）声音调节滑轮。如果对象为双声道音频，可以使用声道调节滑轮调节播放声道。向左拖曳滑轮，输出到左声道（L），可以增加音量；向右拖曳滑轮，输出到右声道（R）并使音量增大，声道调节滑轮如图 7-20 所示。

图 7-19

图 7-20

（3）音量调节滑杆。通过音量调节滑杆可以控制当前轨道音频对象的音量，Premiere Pro CS6 以分贝数显示音量。向上拖曳滑杆，可以增加音量；向下拖曳滑杆，可以减小音量。下方数值栏中显示当前音量，用户也可直接在数值栏中输入声音分贝数。播放音频时，面板左侧为音量表，显示音频播放时的音量大小；音量表顶部的小方块显示系统所能处理的音量极限，当方块显示为红色时，表示该音频量超过极限，音量过大。音量调节滑杆如图 7-21 所示。

使用主音频控制器可以调节"时间线"面板中所有轨道上的音频对象。主音频控制器的使用方法与轨道音频控制器相同。

◎ **播放控制器**

播放控制器用于音频播放，使用方法与监视器面板中的播放控制栏相同，如图 7-22 所示。

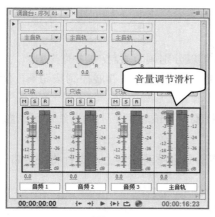

图 7-21

图 7-22

3. 设置"调音台"面板

单击"调音台"面板右上方的 ▼≡ 按钮，在弹出的快捷菜单中对面板进行相关设置，如图 7-23 所示。

"显示/隐藏轨道"命令：可以对"调音台"面板中的轨道进行隐藏或显示设置。选择该命令后，在弹出的图 7-24 所示对话框中会显示左侧带 ☑ 图标的轨道，勾选或取消勾选，可以显示或隐藏轨道。

图 7-23

图 7-24

"显示音频时间单位"命令：可以在时间标尺上以音频单位进行显示，如图 7-25 所示。

"循环"命令：被选定的情况下，系统会循环播放音乐。

在编辑音频的时候，一般情况下以波形来显示图标，这样可以更直观地观察声音变化状态。在音频轨道左侧的控制面板中单击 ⊞ 按钮，在弹出的列表中选择"显示波形"，即可在图标上显示音频波形，如图 7-26 所示。

图 7-25

图 7-26

4. 使用淡化器调节音频

选择"显示素材卷"/"显示轨道卷"，可以分别调节素材/轨道的音量。

步骤 1 在默认情况下，音频轨道面板卷展栏关闭。单击卷展控制按钮▶，使其变为▼状态，展开轨道。

步骤 2 选择"选择"工具，拖曳音频素材（或轨道）上的黄线即可调整音量，如图 7-27 所示。

步骤 3 按住 Ctrl 键的同时将鼠标指针移动到音频淡化器上，指针将变为带有加号的箭头，如图 7-28 所示。

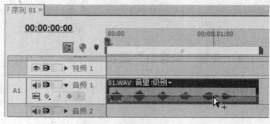

图 7-27　　　　　　　　　　　图 7-28

步骤 4 单击添加一个关键帧，用户可以根据需要添加多个关键帧。单击并按住鼠标上下拖曳关键帧，关键帧之间的直线指示音频素材是淡入或者淡出：一条递增的直线表示音频淡入，另一条递减的直线表示音频淡出，如图 7-29 所示。

步骤 5 用鼠标右键单击素材，在弹出的快捷菜单中选择"音频增益"命令，在弹出的对话框中单击"标准化所有峰值为"选项，可以使音频素材自动匹配到最佳音量，如图 7-30 所示。

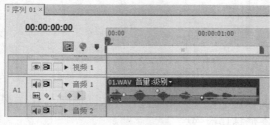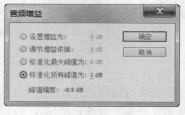

图 7-29　　　　　　　　　　　图 7-30

5. 实时调节音频

使用 Premiere Pro CS6 的"调音台"面板调节音量非常方便，用户可以在播放音频时实时进行音量调节。使用调音台调节音频电平的方法如下。

步骤 1 在"时间线"面板的轨道左侧单击按钮，在弹出的列表中选择"显示轨道音量"选项。

步骤 2 在"调音台"面板上方需要进行调节的轨道上单击"只读"弹出下拉列表框，在下拉列表中进行设置，如图 7-31 所示。

"关"：选择该命令，系统会忽略当前音频轨道上的调节，仅按照默认设置播放。

"只读"：选择该命令，系统会读取当前音频轨上的调节效果，但是不能记录音频调节过程。

"锁存"：当使用自动书写功能实时播放记录调节数据时，每调节一次，下一次调节时调节滑块在上一次调节点之后的位置，当单击播放-停止按钮播放音频后，当前调节滑块会自动转为音频对象在进行当前编辑前的参数值。

"触动"：当使用自动书写功能实时播放记录调节数据时，每调节一次，下一次调节时调节滑块初始位置会自动转为音频对象在进行当前编辑前的参数值。

"写入"：当使用自动书写功能实时播放记录调节数据时，每调节一次，下一次调节时调节滑块在上一次调节后的位置。在调音台中激活需要调节轨自动记录状态下，一般情况选择"写入"即可。

步骤 3 单击"播放-停止切换"按钮 ▶，"时间线"面板中的音频素材开始播放。拖曳音量控制滑杆进行调节，调节完成后，系统自动记录结果，如图 7-32 所示。

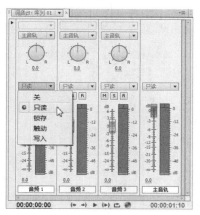
图 7-31

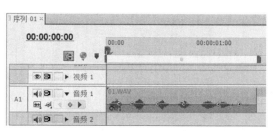
图 7-32

7.1.4 【实战演练】——制作音频低音效果

使用"色阶"特效，调整图像亮度；使用"音频增益"命令，调整音频的品质；使用"低通"特效，制作音频低音效果。最终效果参看云盘中的"Ch07\超重低音效果\超重低音效果.prproj"，如图 7-33 所示。

扫码观看
本案例视频

图 7-33

7.2 制作摇滚音乐效果

7.2.1 【训练目标】

使用"导入"命令，导入素材文件；使用"低音"和"参数均衡"特效，调整音频的效果。最终效果参看云盘中的"Ch07\制作摇滚音乐\制作摇滚音乐.prproj"，如图 7-34 所示。

7.2.2 【案例操作】

步骤 `1` 启动 Premiere Pro CS6 软件，弹出 "欢迎使用 Adobe Premiere Pro" 欢迎界面，单击 "新建项目" 按钮 ，弹出 "新建项目" 对话框，设置 "位置" 选项，选择保存文件路径，在 "名称" 文本框中输入文件名 "制作摇滚音乐"，如图 7-35 所示。单击 "确定" 按钮，弹出 "新建序列" 对话框，在左侧的列表中展开 "DV-PAL"

图 7-34

选项，选中 "标准 48kHz" 模式，如图 7-36 所示，单击 "确定" 按钮完成序列的创建。

图 7-35　　　　　　　　　　　　　　　　　图 7-36

步骤 `2` 选择 "文件 > 导入" 命令，弹出 "导入" 对话框，选择云盘中的 "Ch07\制作摇滚音乐\素材\01 和 02" 文件，如图 7-37 所示，单击 "打开" 按钮，将素材文件导入到 "项目" 面板中，如图 7-38 所示。

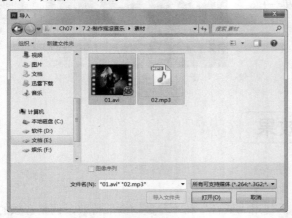

图 7-37

图 7-38

步骤 `3` 在 "项目" 面板中，选中 "01" 文件并将其拖曳到 "时间线" 面板中的 "视频 1" 轨道中，弹出"素材不匹配警告"对话框，单击"保持现有设置"按钮，将"01"文件放置在"视频1"轨道中，如图7-39所示。在"节目"面板中预览效果，如图7-40所示。

图7-39

图7-40

步骤 4 将时间标签放置在20s的位置，如图7-41所示，在"视频1"轨道上选中"01"文件，将鼠标指针放在"01"文件的结束位置，当鼠标指针呈 ◀ 状时，向左拖曳指针到20s的位置上，如图7-42所示。

图7-41

图7-42

步骤 5 在"项目"面板中，选中"02"文件并将其拖曳到"时间线"面板中的"音频1"轨道中，如图7-43所示。将鼠标指针放在"02"文件的结束位置，当鼠标指针呈 ◀ 状时，向左拖曳指针到20s的位置上，如图7-44所示。

图7-43

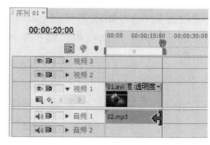

图7-44

步骤 6 将时间标签放置在0s的位置，选择"窗口 > 效果"命令，弹出"效果"面板，展开"音频特效"分类选项，选中"低音"特效，如图7-45所示。将"低音"特效拖曳到"时间线"面板"音频1"轨道中的"02"文件上，如图7-46所示。

步骤 7 选择"特效控制台"面板，展开"低音"特效，将"放大"选项设置为6，如图7-47所示。

图 7-45

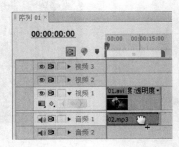
图 7-46

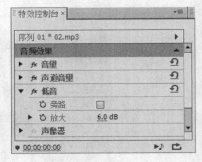
图 7-47

步骤 8 在"效果"面板，展开"音频特效"分类选项，选中"参数均衡"特效，如图 7-48 所示。将"参数均衡"特效拖曳到"时间线"面板"音频 1"轨道中的"02"文件上，如图 7-49 所示。在"特效控制台"面板，展开"参数均衡"特效，将"中置"选项设置为 502.5，"Q"选项设置为 14.8，"放大"选项设置为 2.2，如图 7-50 所示。

图 7-48

图 7-49

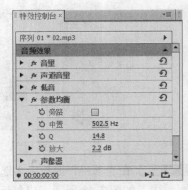
图 7-50

步骤 9 将时间标签放置在 2:13s 的位置，在"特效控制台"面板，展开"声像器"选项，将"平衡"选项设置为 0.8，如图 7-51 所示，记录第 1 个动画关键帧。将时间标签放置在 20s 的位置，在"特效控制台"面板中，将"平衡"选项设置为 - 0.9，如图 7-52 所示，记录第 2 个动画关键帧。

步骤 10 摇滚音乐制作完成。

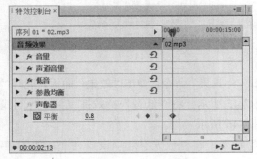
图 7-51

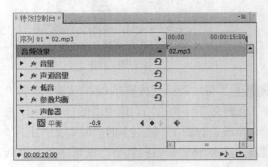
图 7-52

7.2.3　【相关知识】

1. 制作录音

使用录音功能，首先必须保证计算机的音频输入装置被正确连接。可以使用麦克风或者其他 MIDI 设备在 Premiere Pro CS6 中录音，录制的声音会成为音频轨道上的一个音频素材，还可以将这个音频素材输出保存为一个兼容的音频文件格式。

制作录音的方法如下。

步骤 1 激活要录制音频轨道的"激活录制轨"按钮 R ，如图 7-53 所示。

步骤 2 激活录音装置后，上方会出现音频输入的设备选项，选择输入音频设备即可。

步骤 3 激活面板下方的  按钮，如图 7-54 所示。

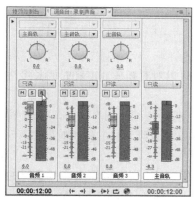

图 7-53　　　　　　　　　　　　　　图 7-54

步骤 4 单击面板下方的 ▶ 按钮，进行解说或者演奏即可；单击 ■ 按钮，即可停止录音，当前音频轨道上出现刚才录制的声音，如图 7-55 所示。

图 7-55

2. 添加与设置子轨道

添加与设置子轨道的方法如下。

步骤 1 单击"调音台"面板左侧的按钮 ▶，展开特效和子轨道设置栏，下方的 区域用来添加音频子轨道。在子轨道的区域中单击小三角，会弹出子轨道下拉列表，如图 7-56 所示。

步骤 2 在下拉列表中选择添加的子轨道方式，可以添加一个单声轨、立体声或者 5.1 声道的子轨道。选择子轨道类型后，即可为当前音频轨道添加子轨道。可以分别切换不同的子轨道进行调节控制，Premiere Pro CS6 提供了 5 个子轨道控制，如图 7-57 所示。

步骤 3 单击子轨道调节栏右上角图标，使其变为 状态，可以屏蔽当前子轨道。

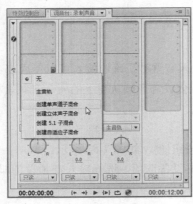

图 7-56

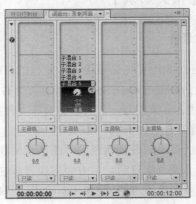

图 7-57

3. 调整音频持续时间和速度

与视频素材的编辑一样，在应用音频素材时，可以对其播放速度和时间长度进行修改设置，具体操作步骤如下。

步骤 1 选中要调整的音频素材，选择"素材 > 速度/持续时间"命令，弹出"素材速度/持续时间"对话框，在"持续时间"数值对话框中可以对音频素材的持续时间进行调整，如图 7-58 所示。

步骤 2 在"时间线"面板中直接拖曳音频的边缘，可改变音频轨上音频素材的长度。也可利用"剃刀"工具 ，将音频素材多余的部分切除掉，如图 7-59 所示。

图 7-58

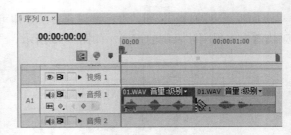

图 7-59

4. 音频增益

音频增益指的是音频信号的声调高低。当一个视频片段同时拥有几个音频素材时，就需要平衡这几个素材的增益，如果一个素材的音频信号太高或太低，就会严重影响播放时的音频效果。可通过以下步骤设置音频素材增益。

步骤 1 选择"时间线"面板中需要调整的素材，被选择的素材周围会出现黑色实线，如图 7-60 所示。

步骤 2 选择"素材 > 音频选项 > 音频增益"命令，弹出"音频增益"对话框，将鼠标指针移动到对话框的数值上，当指针变为手形标记时，单击并按住鼠标左键左右拖曳，增益值将被改变，如图 7-61 所示。

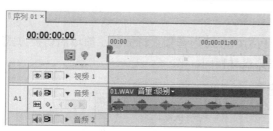

图 7-60   图 7-61

步骤 3 完成设置后，可以通过"源"面板查看处理后的音频波形变化，播放修改后的音频素材，试听音频效果。

5. 分离和链接视音频

在编辑工作中，经常需要将"时间线"面板中的视音频链接素材的视频和音频部分分离。用户可以完全打断或者暂时释放链接素材的链接关系并重新设置各部分。

Premiere Pro CS6 中音频素材和视频素材有两种链接关系：硬链接和软链接。如果链接的视频和音频来自于一个影片文件，它们是硬链接，"项目"面板中只显示一个素材，硬链接是在素材输入 Premiere Pro CS6 之前就建立的，在"时间线"面板中显示为相同的颜色，如图 7-62 所示。

软链接是在"时间线"面板建立的链接。用户可以在"时间线"为音频素材和视频素材建立软链接。软链接类似于硬链接，但链接的素材在"项目"面板保持着各自的完整性，在序列中显示为不同的颜色，如图 7-63 所示。

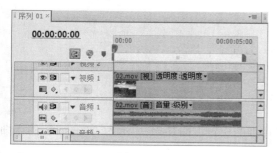

图 7-62   图 7-63

如果要打断链接在一起的视音频，可在轨道上选择对象，单击鼠标右键，在弹出的快捷菜单中选择"解除视音频链接"命令即可，如图 7-64 所示。被打断的视音频素材可以单独进行操作。

如果要把分离的视音频素材链接在一起作为一个整体进行操作，则只需要框选需要链接的视音频，单击鼠标右键，在弹出的快捷菜单中选择"链接视频和音频"命令即可，如图 7-65 所示。

图 7-64   图 7-65

6. 为素材添加特效

音频素材的特效添加方法与视频素材的特效添加方法相同，这里不再赘述。可以在"效果"面板中展开"音频特效"分类选项，分别在不同的音频模式文件夹中选择音频特效进行设置即可，如图 7-66 所示。

在"音频过渡"分类选项下，Premiere Pro CS6 还为音频素材提供了简单的切换方式，如图 7-67 所示。为音频素材添加切换的方法与视频素材相同。

图 7-66　　　　　　　　　　图 7-67

7.　设置轨道特效

除了可以对轨道上的音频素材设置外，还可以直接对音频轨道添加特效。首先在"调音台"面板中展开目标轨道的特效设置栏 ，单击右侧设置栏上的小三角，弹出音频特效下拉列表，如图 7-68 所示，选择需要使用的音频特效即可。可以在同一个音频轨道上添加多个特效并分别控制，如图 7-69 所示。

如果要调节轨道的音频特效，可以单击鼠标右键，在弹出的下拉列表中选择设置即可，如图 7-70 所示。在下拉列表中选择"编辑"

图 7-68

命令，可以在弹出的特效设置对话框中进行更加详细的设置，图 7-71 所示为"Phaser"的详细调整面板。

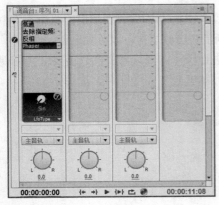
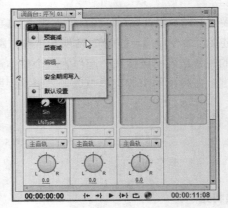

图 7-69　　　　　　　　图 7-70　　　　　　　　图 7-71

8. 音频效果简介

在 Premiere Pro CS6 中包含 31 种音频特效，常用于轨道音频的特效有以下几种：平衡、选频、低音、声道音量、DeNoiser（降噪）、延迟、Dynamics（编辑器）、EQ（均衡）、使用左声道/使用右声道、高通/低通、反相、Multiband Compressor（多频带压缩）、多功能延迟、去除指定频率、参数均衡、PitchShifter（音调转换）、Reverb（混响）、互换声道、高音、音量。

7.2.4　【实战演练】——调整音频的速度与音调

使用"快速色彩校正"特效，调整视频的颜色；使用"平衡"特效，调整音频的左右声道；使用"PitchShifter"特效，调整音频的速度与音调。最终效果参看云盘中的"Ch07\声音的变调与变速\声音的变调与变速.prproj"，如图 7-72 所示。

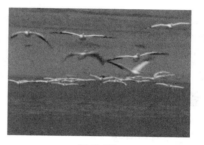

图 7-72

7.3　综合案例——剪辑音频

使用"显示轨道关键帧"选项，制作音频的淡出与淡入。最终效果参看云盘中的"Ch07\音频的剪辑\音频的剪辑.prproj"，如图 7-73 所示。

图 7-73

7.4　综合案例——调节音频

使用"缩放比例"选项，调整视频的大小；使用"色阶"特效，调整视频的亮度；使用"剃刀"工具，裁剪音频；使用"素材速度/持续时间"命令，调整视频的播放时间；使用"特效控制台"面板，调整音频的音量。最终效果参看云盘中的"Ch07\音频的调节\音频的调节.prproj"，如图 7-74 所示。

图 7-74

第8章 输出文件

本章主要介绍 Premiere Pro CS6 与节目最终输出有关的编码器、节目类型与格式，以及相关的参数设置。通过本章的学习，读者可以掌握渲染输出的方法和技巧。

 课堂学习目标

- 掌握输出文件的格式
- 掌握影片项目的预演
- 掌握输出参数的设置
- 掌握渲染输出文件的各种格式

8.1 可输出的文件格式

在 Premiere Pro CS6 中，可以输出多种文件格式，包括视频格式、音频格式、静态图像和序列图像等，下面进行详细介绍。

8.1.1 可输出的视频格式

在 Premiere Pro CS6 中可以输出多种视频格式，常用的有以下几种。

① AVI：是 Audio Video Interleaved 的缩写，是 Windows 操作系统中使用的视频文件格式，它的优点是兼容性好、图像质量好、调用方便，缺点是文件尺寸较大。

② Animated GIF：GIF 是动画格式的文件，可以显示视频运动画面，但不包含音频部分。

③ Fic/Fli：支持系统的静态画面或动画。

④ Filmstrip：电影胶片（也称为幻灯片影片），但不包括音频部分。该类文件可以通过 Photoshop 等软件进行画面效果处理，然后再导入到 Premiere Pro CS6 中进行编辑输出。

⑤ QuickTime：用于 Windows 和 Mac OS 系统上的视频文件，适合于网上下载。该文件格式是由 Apple 公司开发的。

⑥ DVD：是使用 DVD 刻录机及 DVD 空白云盘刻录而成的。

⑦ DV：全称是 Digital Video，是新一代数字录像带的规格，它具有体积小、时间长的优点。

8.1.2 可输出的音频格式

在 Premiere Pro CS6 中可以输出多种音频格式，其主要输出的音频格式有以下几种。

① WMA：全称是 Windows Media Audio，WMA 音频文件是一种压缩的离散文件或流式文件。它采用的压缩技术与 MP3 压缩原理近似，但它并不削减大量的编码。WMA 最主要的优点是可以在较低的采样率下压缩出近于 CD 音质的音乐。

② MPEG：MPEG，（动态图像专家组）创建于 1988 年，专门负责为 CD 建立视频和音频等相关标准。

③ MP3：MP3 是 MPEG Audio Layer3 的简称，它能够以高音质，低采样率对数字音频文件进行压缩。

此外，Premiere Pro CS6 还可以输出 DV AVI、Real Media 和 QuickTime 格式的音频。

8.1.3 可输出的图像格式

在 Premiere Pro CS6 中可以输出多种图像格式，其主要输出的图像格式有以下几种。

① 静态图像格式：Film Strip、FLC/FLI、Targa、TIFF 和 Windows Bitmap。

② 序列图像格式：GIF Sequence、Targa Sequence 和 Windows Bitmap Sequence。

8.2 影片项目的预演

影片预演是视频编辑过程中对编辑效果进行检查的重要手段，它实际上也属于编辑工作的一个部分。影片预演分为两种，一种是实时预演，另一种是生成预演，下面分别进行介绍。

8.2.1 实时预演

实时预演，也称为实时预览，即平时所说的预览。进行影片实时预演的具体操作步骤如下。

步骤 1 影片编辑制作完成后，在"时间线"面板中将时间标记移动到需要预演的片段开始位置，如图 8-1 所示。

步骤 2 在"节目"监视器面板中单击"播放-停止切换（Space）"按钮 ▶，系统开始播放节目，在"节目"监视器面板中预览节目的最终效果，如图 8-2 所示。

图 8-1

图 8-2

8.2.2 生成影片预演

与实时预演不同的是，生成影片预演不是使用显卡对画面进行实时渲染，而是计算机的 CPU 对画面进行运算，先生成预演文件，然后再播放。因此，生成影片预演取决于计算机 CPU 的运算能力。生成预演播放的画面是平滑的，不会产生停顿或跳跃，所表现出来的画面效果和渲染输出的效果是完全一致的。生成影片预演的具体操作步骤如下。

步骤 1 影片编辑制作完成以后，在"时间线"面板中拖曳工具区范围条 的两端，以确定要生成影片预演的范围，如图 8-3 所示。

步骤 2 选择"序列 > 渲染工作区域内的效果"命令，系统将开始进行渲染，并弹出"正在渲染"对话框显示渲染进度，如图 8-4 所示。

图 8-3

图 8-4

步骤 3 在"渲染"对话框中单击"渲染详细信息"选项左侧的 ▶ 按钮，展开此选项区域，可以查看渲染的时间、磁盘剩余空间等信息，如图 8-5 所示。

步骤 4 渲染结束后，系统会自动播放该片段，在"时间线"面板中，预演部分将会显示绿色线条，其他部分则保持黄色线条，如图 8-6 所示。

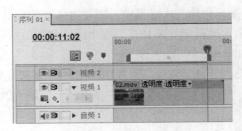

图 8-5

图 8-6

步骤 5 如果用户先设置了预演文件的保存路径，就可在计算机的硬盘中找到预演生成的临时文件，如图 8-7 所示。双击该文件，则可以脱离 Premiere Pro CS6 程序来进行播放，如图 8-8 所示。

图 8-7

图 8-8

生成的预演文件可以重复使用，用户下一次预演该片段时会自动使用该预演文件。在关闭该项目文件时，如果不进行保存，预演生成的临时文件会自动删除；如果用户在修改预演区域片段后再次预演，就会重新渲染并生成新的预演临时文件。

8.3　输出参数设置

在 Premiere Pro CS6 中，既可以将影片输出为用于电影或电视中播放的录像带，也可以输出为通过网络传输的网络流媒体格式，还可以输出为可以制作 VCD 或 DVD 云盘的 AVI 文件等。但无论输出的是何种类型，在输出文件之前，都必须合理地设置相关的输出参数，使输出的影片达到理想的效果。本节以输出 AVI 格式为例，介绍输出前的参数设置方法，其他格式类型的输出设置与此类型基本相同。

8.3.1　输出选项

影片制作完成后即可输出，在输出影片之前，可以设置一些基本参数，其具体操作步骤如下。

步骤 1　在"时间线"面板选择需要输出的视频序列，然后选择"文件 > 导出 > 媒体"命令，在弹出的对话框中进行设置，如图 8-9 所示。

图 8-9

步骤 2　在对话框右侧的选项区域中设置文件的格式以及输出区域等选项。

1. 文件类型

用户可以将输出的数字电影设置为不同的格式，以便适应不同的需要。在"格式"选项的下拉列表中，可以输出的媒体格式如图 8-10 所示。

在 Premiere Pro CS6 中默认的输出文件类型或格式主要有以下几种。

① 如果要输出为基于 Windows 操作系统的数字电影，则选择"AVI"（Windows 格式的视频格式）选项。

② 如果要输出为基于 Mac OS 操作系统的数字电影，则选择"QuickTime"（MAC 视频格式）选项。

③ 如果要输出 GIF 动画，则选择"动画 GIF"选项，即输出的文件连续存储了视频的每一帧，这种格式支持在网页上以动画形式显示，但不支持声音播放。若选择"GIF"选项，则只能输出为单帧的静态图像序列。

④ 如果只是输出为 WAV 格式的影片声音文件，则选择"波形音频"选项。

2. 输出视频

勾选"导出视频"复选框，可输出整个编辑项目的视频部分；若取消选择，则不能输出视频部分。

3. 输出音频

勾选"导出音频"复选框，可输出整个编辑项目的音频部分；若取消选择，则不能输出音频部分。

图 8-10

8.3.2 "视频"选项区域

在"视频"选项区域中，可以为输出的视频指定使用的格式、品质以及影片尺寸等相关的选项参数，如图 8-11 所示。

"视频"选项区域中各主要选项含义如下。

"视频编解码器"选项：通常视频文件的数据量很大，为了减少所占的磁盘空间，在输出时可以对文件进行压缩。在该选项的下拉列表中选择需要的压缩方式，如图 8-12 所示。

"品质"选项：设置影片的压缩品质，通过拖动品质的百分比来设置。

"宽度"选项/"高度"选项：设置影片的尺寸。我国使用 PAL 制，选择 720×576。

"帧速率"选项：设置每秒播放画面的帧数，提高帧速度会使画面播放得更流畅。如果将文件类型设置为 AVI，那么 DV PAL 对应的帧速是固定的 29.97 和 25；如果将文件类型设置为 AVI（未压缩），那么帧速可以选择从 1~60 的数值。

"场序"选项：设置影片的场扫描方式，有上场优先、下场优先和逐行 3 种方式。

"纵横比"选项：设置视频制式的画面比。单击该选项右侧的按钮，在弹出的下拉列表中选择需要的选项，如图 8-13 所示。

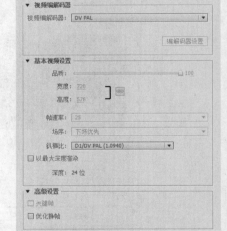

图 8-11

图 8-12

图 8-13

8.3.3 "音频"选项区域

在"音频"选项区域中，可以为输出的音频指定使用的压缩方式、采样速率以及量化指标等相关的选项参数，如图 8-14 所示。

"音频"选项区域中各主要选项含义如下。

"音频编解码器"选项：为输出的音频选项选择合适的压缩方式进行压缩。Premiere Pro CS6 默认的选项是"无压缩"。

图 8-14

"采样速率"选项：设置输出节目音频时所使用的采样速率，如图 8-15 所示。采样速率越高，播放质量越好，但所需的磁盘空间越大，占用的处理时间越长。

"样本大小"选项：设置输出节目音频时所使用的声音量化倍数，最高要提供 32bit。一般，要获得较好的音频质量就要使用较高的量化位数，如图 8-16 所示。

"通道"选项：在该选项的下拉列表中可以为音频选择单声道或立体声。

图 8-15

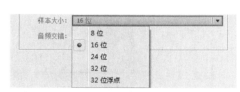

图 8-16

8.4　渲染输出各种格式的文件

Premiere Pro CS6 可以渲染输出多种格式文件，从而使视频剪辑更加方便灵活。本节重点介绍各种常用格式文件渲染输出的方法。

8.4.1 单帧图像

在视频编辑中，可以将画面的某一帧输出，以便给视频动画制作定格效果。Premiere Pro CS6 中输出单帧图像的具体操作步骤如下。

步骤 1　在 Premiere Pro CS6 的时间线上添加一段视频文件，选择"文件 > 导出 > 媒体"命令，弹出"导出设置"对话框，在"格式"选项的下拉列表中选择"TIFF"选项，在"输出名称"文本框中输入文件名并设置文件的保存路径，勾选"导出视频"复选框，其他参数保持默认状态，如图 8-17 所示。

图 8-17

步骤 2 单击"队列"按钮，打开"Adobe Media Encoder"面板，单击右侧的"开始队列"按钮渲染输出视频，如图 8-18 所示。

输出单帧图像时，最关键的是时间指针的定位，它决定了单帧输出时的图像内容。

图 8-18

8.4.2 音频文件

Premiere Pro CS6 可以将影片中的一段声音或影片中的歌曲制作成音乐云盘等文件。输出音频文件的具体操作步骤如下。

步骤 1 在 Premiere Pro CS6 的时间线上添加一个有声音的视频文件或打开一个有声音的项目文件，选择"文件 > 导出 > 媒体"命令，弹出"导出设置"对话框，在"格式"选项的下拉列表中选择"MP3"选项，在"预设"选项的下拉列表中选择"MP3 128kbps"选项，在"输出名称"文本框中输入文件名并设置文件的保存路径，勾选"导出音频"复选框，其他参数保持默认状态，如图8-19所示。

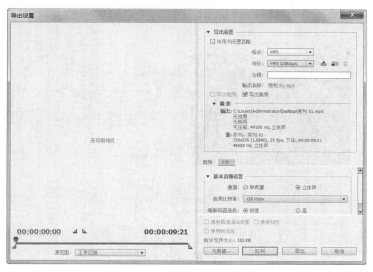

图 8-19

步骤 2 单击"队列"按钮，打开"Adobe Media Encoder"面板，单击右侧的"开始队列"按钮渲染输出音频，如图8-20所示。

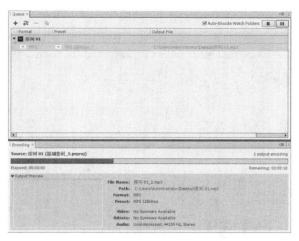

图 8-20

8.4.3 整个影片

输出影片是最常用的输出方式，将编辑完成的项目文件以视频格式输出，可以输出编辑内容的全部或者某一部分，也可以只输出视频内容或者只输出音频内容，一般将全部的视频和音频一起输出。

下面以AVI格式为例，介绍输出影片的方法，其具体操作步骤如下。

步骤 1 选择"文件 > 导出 > 媒体"命令，弹出"导出设置"对话框。

步骤 2 在"格式"选项的下拉列表中选择"AVI"选项。

步骤 3 在"预设"选项的下拉列表中选择"PAL DV"选项，如图 8-21 所示。

图 8-21

步骤 4 在"输出名称"文本框中输入文件名并设置文件的保存路径，勾选"导出视频"复选框和"导出音频"复选框。

步骤 5 设置完成后，单击"队列"按钮，打开"Adobe Media Encoder"面板，单击右侧的"开始队列"按钮渲染输出视频，如图 8-22 所示。渲染完成后，即可生成所设置的 AVI 格式影片。

图 8-22

8.4.4 静态图片序列

在 Premiere Pro CS6 中，可以将视频输出为静态图片序列，也就是说将视频画面的每一帧都输出为一张静态图片，这一系列图片中每张都具有一个自动编号。这些输出的序列图片可用于 3D 软件中的动态贴图，并且可以移动和存储。

输出图片序列的具体操作步骤如下。

步骤 1　在 Premiere Pro CS6 的时间线上添加一段视频文件，设定只输出视频的一部分内容，如图 8-23 所示。

步骤 2　选择 "文件 > 导出 > 媒体" 命令，弹出 "导出设置" 对话框，在 "格式" 选项的下拉列表中选择 "TIFF" 选项，在 "预设" 选项的下拉列表中选择 "PAL TIFF" 选项，在 "输出名称" 文本框中输入文件名并设置文件的保存路径，勾选 "导出视频" 复选框，在 "视频" 扩展参数面板中必须勾选 "导出为序列" 复选框，其他参数保持默认状态，如图 8-24 所示。

图 8-23

图 8-24

步骤 3　单击 "队列" 按钮，打开 "Adobe Media Encoder" 面板，单击右侧的 "开始队列" 按钮渲染输出视频，如图 8-25 所示。

步骤 4　输出完成后的静态图片序列文件如图 8-26 所示。

图 8-25

图 8-26

第9章 综合设计实训

本章通过 6 个影视制作案例，进一步讲解 Premiere 的功能特色和使用技巧。读者能够快速地掌握软件功能和知识要点，制作出变化丰富的多媒体效果。

 课堂学习目标

- 栏目包装设计
- 相册设计
- 广告设计
- 节目片头设计
- MV 设计

9.1 制作栏目包装

9.1.1 【项目背景及要求】

1. 客户名称

乐媚传播网。

2. 客户需求

乐媚传播网是一家以音乐制作、媒体互动、歌曲搜索、专辑推荐、音乐排行等为主的音乐传播类网站，得到众多网民的一致好评。网站最新推出百变强音栏目，需要制作栏目包装，要求体现出快乐、激情、热闹的气氛，能让人产生积极参与的欲望。

3. 设计要求

（1）设计要以音乐元素为主导。

（2）设计形式要明快醒目，能表现栏目特色。

（3）画面色彩要对比强烈，形成具有冲击力的画面。

（4）设计风格具有特色，能够让人一目了然、印象深刻。

（5）设计规格为 720h×576V(1.0940)，25.00 帧/秒，D1/DV PAL(1.0940)。

9.1.2 【项目设计及制作】

1. 设计素材

图片素材所在位置：云盘中的"Ch09\制作百变强音栏目包装\素材\01 和 02"。

2. 设计作品

设计作品效果所在位置：云盘中的"Ch09\制作百变强音栏目包装\制作百变强音栏目包装.prproj"，如图 9-1 所示。

图 9-1

9.2 制作相册

9.2.1 【项目背景及要求】

1. 客户名称

缘尚生活网站。

2. 客户需求

缘尚生活网站是一个自由随性，体现前卫生活态度，时尚个性，不刻意捕获和追求的网站。本例是为网站制作的 Lomo 风格相册，要求与网站风格相呼应，能体现出自然随性，时尚前卫的感觉。

3. 设计要求

（1）设计要以相片元素为主导。
（2）设计形式要简洁明晰，能表现相册特色。
（3）相册色彩要真实形象，给人时尚个性的印象。
（4）设计风格具有特色，能够给人前卫随性的感觉。
（5）设计规格为 1817h×1181V(1.0)，25.00 帧/秒，方形像素。

9.2.2 【项目设计及制作】

1. 设计素材

图片素材所在位置：云盘中的"Ch09\制作 Lomo 风格相册\素材\01"。

2. 设计作品

设计作品效果所在位置：云盘中的"Ch09\制作 Lomo 风格相册\制作 Lomo 风格相册.prproj"，如图 9-2 所示。

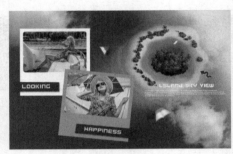

图 9-2

9.3 制作广告

9.3.1 【项目背景及要求】

1. 客户名称

立诚饮料有限公司。

2. 客户需求

立诚饮料有限公司是一家专门生产和经营饮料制品的公司，最近推出了一款新的果汁饮品，现进行促销活动，需要制作针对此次活动的促销广告，要求能够体现该产品新鲜、健康、美味的特点。

3. 设计要求

（1）广告内容是以产品图片为主，突出对产品的宣传和介绍。
（2）色调要明亮醒目，能增强视觉宽广度，引发人们的联想。
（3）画面要有层次感，要突出主要信息。
（4）整体设计能展现出产品的特点与口味，使人产生购买欲望。
（5）设计规格为 720h×576V(1.0940)，25.00 帧/秒，D1/DV PAL(1.0940)。

9.3.2 【项目设计及制作】

1. 设计素材

图片素材所在位置：云盘中的"Ch09\制作橙汁广告\素材\01~10"。

2. 设计作品

设计作品效果所在位置：云盘中的"Ch09\制作橙汁广告\制作橙汁广告.prproj"，如图 9-3 所示。

图 9-3

9.4 制作旅游节目片头

9.4.1 【项目背景及要求】

1. 客户名称

星海旅游电视台。

2. 客户需求

星海旅游电视台是一家旅游电视台，它介绍最新的时尚旅游资讯信息、提供最实用的旅行计划、体现时尚生活和潮流消费等信息。本例是为电视台制作的环球名胜博览节目片头，要求符合节目主题，体现出丰富、多彩的旅游景色。

3. 设计要求

（1）设计风格要求时尚现代，直观醒目。

（2）设计形式要独特且充满创意感。

（3）表现形式层次分明，具有吸引力。

（4）设计具有特色，能够引起人们的向往。

（5）设计规格为 720h×480V(1.0)，29.97 帧/秒，方形像素。

9.4.2 【项目设计及制作】

1. 设计素材

图片素材所在位置：云盘中的"Ch09\制作环球名胜博览\素材\01~18"。

2. 设计作品

设计作品效果所在位置：云盘中的"Ch09\制作环球名胜博览\制作环球名胜博览.prproj"，如图 9-4 所示。

图 9-4

9.5 制作体育节目片头

9.5.1 【项目背景及要求】

1. 客户名称

生活电视台体育评论频道。

2. 客户需求

生活电视台体育评论频道聘请著名主持人为特约观察员，同时具有 6 名观点犀利、文笔出众的特评员，针对体坛热点赛事与焦点事件，做出角度独到的深度评论。现在频道新推出一栏足球节目，要求制作片头，运用足球相关元素，体现体育精神。

3. 设计要求

（1）设计要以足球为主要元素。
（2）设计形式要简洁明晰，能直观地展示栏目的性质。
（3）画面色彩要能体现出足球的特色。
（4）设计风格具有特色，能够让人有热情、奔放的感觉。
（5）设计规格为 600h×200V(1.0)，25.00 帧/秒，方形像素。

9.5.2　【项目设计及制作】

1. 设计素材

图片素材所在位置：云盘中的"Ch09\制作足球节目片头\素材\01"。

2. 设计作品

设计作品效果所在位置：云盘中的"Ch09\制作足球节目片头\制作足球节目片头.prproj"，如图 9-5 所示。

图 9-5

9.6　制作 MV

9.6.1　【项目背景及要求】

1. 客户名称

儿童教育网站。

2. 客户需求

儿童教育网站是一家以儿童教学为主的网站，网站中的内容充满知识性和趣味性，使孩子在乐趣中学习知识。要求进行儿歌 MV 的制作，设计要符合儿童的喜好，避免出现成人化现象，保持童真和乐趣。

3. 设计要求

（1）设计要以儿童喜欢的元素为主导。
（2）设计要求使用不同文字和装饰图案来诠释书籍内容，表现书籍特色。
（3）画面色彩要符合童真，使用大胆而丰富的色彩，丰富画面效果。
（4）设计风格具有特色，营造出欢快愉悦的歌曲氛围，能够引起儿童的好奇，以及收听兴趣。
（5）设计规格为 720h×576V(1.0940)，25.00 帧/秒，D1/DV PAL(1.0940)。

9.6.2　【项目设计及制作】

1. 设计素材

图片素材所在位置：云盘中的"Ch09\制作儿歌 MV\素材\01、02"。

2. 设计作品

设计作品效果所在位置：云盘中的"Ch09\制作儿歌 MV\制作儿歌 MV.prproj"，如图 9-6 所示。

图 9-6